雷达非模糊高分辨成像

黄大荣　郭新荣　彭　鹏　编著

西安电子科技大学出版社

内 容 简 介

雷达成像技术是当今雷达领域中的热点，其中，运动补偿与聚焦方法又是该技术的关键。本书主要介绍运动补偿技术中的相位误差补偿，包括国内外研究现状、基于加权最大范数的相位误差补偿方法、方位空变的相位误差补偿方法、机动目标稀疏孔径成像及距离走动校正方法、群目标的非模糊高分辨成像及距离走动校正方法，以及未来展望等内容。

本书内容主要涉及雷达成像实际应用中的技术难点讲解，可以较好地与实际应用相结合。此外，书中有大量的实测数据处理与分析结果，能够较为直观地展现本书方法在实际中的应用过程，是一本以当今热点为牵引、理论与应用相结合，且具有一定创新性的基础入门书籍。

图书在版编目(CIP)数据

雷达非模糊高分辨成像/黄大荣，郭新荣，彭鹏编著. 一西安：西安电子科技大学出版社，2020.5
ISBN 978 - 7 - 5606 - 5536 - 9

Ⅰ. ① 雷…　Ⅱ. ① 黄… ② 郭… ③ 彭…　Ⅲ. ① 雷达成像　Ⅳ. ① TN957.52

中国版本图书馆 CIP 数据核字 (2019) 第 289435 号

策划编辑	刘玉芳
责任编辑	刘玉芳　万晶晶
出版发行	西安电子科技大学出版社(西安市太白南路 2 号)
电　话	(029)88242885　88201467　　邮　编　710071
网　址	www.xduph.com　　　电子邮箱　xdupfxb001@163.com
经　销	新华书店
印刷单位	陕西天意印务有限责任公司
版　次	2020 年 5 月第 1 版　2020 年 5 月第 1 次印刷
开　本	787 毫米×960 毫米　1/16　印张　8
字　数	137 千字
印　数	1～1000 册
定　价	28.00 元

ISBN 978 - 7 - 5606 - 5536 - 9/TN

XDUP　5838001 - 1

＊＊＊如有印装问题可调换＊＊＊

前　　言

　　合成孔径雷达（Synthetic Aperture Radar，SAR）和逆合成孔径雷达（Inverse Synthetic Aperture Radar，ISAR）具有全天时、全天候、远距离、高分辨等特点，极大地提高了现代雷达获取信息的能力，在军事和民事领域得到了广泛的应用。分辨率是 SAR\ISAR 成像技术中的重要指标之一，它主要取决于雷达的两个因素：一是雷达系统的硬件性能，例如发射信号的带宽、天线的波束宽度等；一是采用的雷达信号处理方法，例如运动补偿方法、超分辨成像方法等。在运动补偿方法中，相位误差的估计与补偿至关重要，因为只有补偿掉相位误差，才能够对雷达进行相干积累。运动补偿方法又分为基于惯性导航系统的补偿方法及基于数据的补偿方法。众所周知，精度和效率是一对矛盾体，高精度的相位误差估计算法其相应的运算复杂度也较高，限制了其在实际中的应用。当雷达工作在大斜视和宽波束时，相位误差中含有明显的方位空变特性。

　　同时，现代多功能远程预警雷达和目标指示雷达同时具有广域搜索、多目标跟踪和成像的能力。当对单目标进行成像时，由于采用分时系统，需要在搜索模式（通常发射窄带宽信号）和成像模式（通常发射宽带信号）之间切换，使得对目标的宽带观测有限，造成回波的孔径是稀疏的。当目标是非合作高机动目标时，还会伴有严重的越距离单元走动现象。对群目标成像而言，为了避免距离模糊，通常采用低脉冲重复频率，但相应地会引入多普勒模糊，而多普勒模糊下的距离走动校正是 ISAR 成像处理中面临的现实问题。

　　近年来本书作者在国家自然科学基金、国防科技项目基金、陕西省基金以及博士后基金的支持下，针对 SAR\ISAR 相位误差估计与补偿问题开展了较为深入的研究。结合作者近年来的研究成果，本书深入阐述了方位非空变相位误差估计与补偿、方位空变相位误差估计与补偿、稀疏孔径高分辨成像及距离走动校正、群目标的无模糊高分辨成像及距离走动校正等方法。

本书共分 6 章。

第一章介绍本书研究的背景和意义，对 SAR、ISAR 的发展与研究现状进行了综述，分析了研究过程中遇到的技术瓶颈及可能的解决方法。

第二章介绍了基于加权最大范数的相位误差补偿方法。特征向量分解法利用最大特征值对应的特征向量对相位误差进行最大似然估计，能够获得理想的相位误差估计效果。它估计精度高且鲁棒性好，但是由于需要对样本的协方差矩阵进行特征值分解，运算复杂度较高，因而限制了其实际应用。本章提出了一种基于加权最大范数的相位误差估计和校正方法。通过求解基于 2 范数最大化的代价函数，可以获得相位误差的最优估计，避免了对样本的协方差距离进行特征值分解，极大地降低了算法的运算量。通过对不同的距离单元增加不同的权值，增强了信号的信噪比，最终提高了相位误差的估计精度。

第三章介绍了方位空变的相位误差补偿方法。方位空变的相位误差通常是由平台的速度和加速度引入的，传统的相位误差补偿算法建立的信号模型中忽略了相位误差的空变特性，因此即使采用子图分割的技巧，当空变的相位误差存在时，也很难获得理想的聚焦结果。本章针对 SAR 图像中出现的方位空变相位误差，提出了一种方位空变的相位误差补偿算法。利用更具普适性的相位误差的参数模型，建立了基于对比度最大化的方位相位误差估计代价函数，并利用梯度法对代价函数进行最优化求解。这种方法仅需要很少的循环迭代，就可以聚焦含有方位空变相位误差的 SAR 图像。

第四章介绍了机动目标的稀疏孔径高分辨成像及距离走动校正方法。在对机动目标进行 ISAR 成像时，回波信号中常常出现距离走动和时变的多普勒。传统成像方法通常建立在小转角和短相干时间的假设前提下，距离走动和时变的多普勒的出现对传统的成像和补偿方法来说是一种挑战。而且，对于多功能 ISAR 雷达，由于需要完成其他的雷达功能，可能无法满足对全孔径数据的测量导致出现稀疏孔径数据。本章提出了一种机动目标的稀疏孔径成像方法，该方法同时考虑了距离走动和时变的多普勒的影响，通过利用包含一阶距离方位耦合项的 chirp-Fourier 基向量，采用改进的垂直匹配追踪方法来解决稀疏重构中的最优化问题，同时将距离走动校正很好地嵌入到机动目标稀疏孔径成像中的全孔径重构过程中。

第五章介绍了群目标的非模糊高分辨成像及距离走动校正方法。在对群目标进行 ISAR 成像时，低脉冲重复频率必然引入多普勒模糊问题。本章介绍了利用稀疏分解的方法解决群目标成像中的多普勒模糊问题，通过对稀疏优化问题的求解，能够精确提取出群目标中散射点对应的 chirp 信号，同时在稀疏分解的过程中，估计出每个 chirp 信号对应的多普勒模糊数，最终通过精确补偿多普勒模糊下的距离走动量重构出群目标的无模糊图像。

第六章对本书内容进行总结，并对雷达成像的未来发展方向进行展望。

本书内容新颖、技术实用。黄大荣编写第一至第三章、第六章，郭新荣编写第四章，彭鹏编写第五章，研究生许旭光、刘丰恺、李江、李玉玺参与了本书的校对工作，在此一并表示衷心的感谢。

鉴于作者的水平和能力，书中难免有不足之处，敬请同行、专家批评指正。

编　者
2019 年 9 月

目　　录

第一章　绪　　论

1.1　雷达成像技术发展概述

雷达的概念是在第二次世界大战期间被提出来的。当时的英国面对德军的空袭，迫切需要一种能够预先探知德军飞机的技术，雷达应运而生。雷达，即无线电监测与测距，通过主动发射已知的无线电信号来获知未知目标的速度、距离、方位和高度等信息[1-5]。早期的雷达分辨率较低，对观测目标的描述停留在"点"目标，也就是说，即使几百米长的目标在雷达眼里，也仅仅是一个"点"。显然，将所有大小和类型不同的目标都看作"点"是无法满足瞬息万变的战场需求的。在实际作战中，尤其是防守方，不仅要知道是否有目标来袭，而且要知道是什么类型的目标，以便能够预判敌方的军事目的，从而做出正确的战场决策。雷达成像技术[6-12]继而成为雷达领域中一个重要的研究方向。

通过雷达对目标进行成像，就需要将目标由"点"扩展到"面"，也就是要将雷达对目标的测量维度从一维扩展到二维。那么，如何获得目标的二维图像？主要是通过提高雷达在两个维度上的分辨率[6]。采用发射宽带信号的方法可以提高发射电磁波方向上的分辨率，这个方向叫作距离向；垂直于距离向的方向叫作方位向，它的分辨率与雷达天线孔径的大小有关[13, 14]。由天线波束形成理论[6, 15]可知，天线的波束宽度与其对应的孔径大小成反比，相同的作用距离下，天线孔径越大，天线波束越窄，相应的方位向分辨率也就越高。然而，通过无限增大天线孔径来提高方位向分辨率显然是不可取的。例如，当雷达工作在 X 波段，方位向分辨率为 1 m 时，其对应的天线孔径长度约为 1 km。雷达装载 1 km 长的天线显然是不现实的，这不仅影响雷达的机动性，同时成本的显著提高也不利于雷达的普及。

1951 年，美国人 Carl Wiley 提出了一种多普勒波束锐化技术（Doppler Beam Sharpening, DBS）。它利用短孔径天线在不同空间采样来合成一个等效的长孔径天线阵列，然后对信号的多普勒变化进行分析，可以明显提高雷达的方位向分辨率[16]，这种多普勒波束锐化技术也就是今天的合成孔径技术。合成孔径思想的提出使得雷达不需要增大天线，可以利用信号处理实现对观测目标成像，这也让雷达成像技术从理论研究走向实际应用。如今的雷达成像技术甚至能够对目标的形状、结构、纹理以及高程进行精细测量。1957 年 8 月，美国 Michigan 大学雷达和光学实验室的 Cutrona 和 Leith 等人进行了合成孔径雷达样机的试飞实验，获得了世界上第一幅 SAR 图像[17]。这一实验的成功，使得合成孔径雷达成像技术从理论研究走向实际应用。从此，合成孔径雷达成像技术迅速在世界各地蔓延[18, 19]。

合成孔径技术很好地解决了方位向分辨率与天线孔径之间的矛盾[20]。按照不同的合成孔径方式，可将成像雷达分为合成孔径雷达[21-36]（Synthetic Aperture Radar，SAR）和逆合成孔径雷达[22, 37-42]（Inverse Synthetic Aperture Radar，ISAR）。二者原理相同，都是利用雷达与目标之间的相对运动形成长的合成孔径，从而达到方位向高分辨能力。SAR 是目标静止，雷达安装在运动的平台上，通过平台的运动形成合成孔径阵列，在平台运动的过程中，雷达周期性地发射已知的电磁波并录取目标反射的回波信号，可以获取地物、地形、地貌等信息[47-52]。ISAR 则是雷达固定，一般都建立有相应的雷达站，通过目标的运动形成合成孔径阵列。ISAR 的观测目标可以是飞机[39, 53-56]、导弹[57-60]等，也可以是海面的舰船[61, 62]，还可以是地球大气层外的卫星[63-65]、空间站等空天目标[66]。

下面就国内外典型的 SAR/ISAR 系统及其特点做一简单介绍。

1.1.1 SAR 系统概述

SAR 按其工作平台的不同分为星载 SAR 系统和机载 SAR 系统。

1. 星载 SAR 系统

20 世纪 70 年代末，美国成功发射了世界上第一颗载有 SAR 系统的卫星 SEASAT - A[67]，该系统获得了大量的 SAR 对地观测数据，标志着星载 SAR 系统由研究步入应用的新时代。1981 年和 1984 年，美国相继利用航天飞机将 SEASAT 的改进型成像雷达 SIR - A[68] 和 SIR - B[69] 送入太空进行地表测绘。1988 年，美国航天飞机"亚特兰蒂斯"号将"长曲棍球 - 1（LACROSSE - 1）"[70] 军事侦察卫星送入太空。LACROSSE - 1 卫星载有高分辨 SAR 传感器，将星载 SAR 系统成功地应用于军事情报的获取。由于其具有良好的成像性能和军事目标识别能力，美国军方先后又订购了 6 颗"长曲棍球（LACROSSE）"卫星，并已陆续发射升空。现如今，世界上比较著名的星载 SAR 系统包括：俄罗斯的 ALMAZ - 1[71]，欧盟的

ERS-1[72]、ERS-2[72]及ENVISAT[73]，日本的JERS-1[74]和ALOS[75]，加拿大的Radarsat-1[76]及Radarsat-2[77]，意大利的Cosmo-Skymed[78]及Sentinel-1[79]，德国发射的TerraSAR-X[80]及SAR-Lupe[81]间谍卫星等。这些卫星的相继发射为星载SAR系统的研究提供了丰富的数据资源，极大地促进了星载SAR成像理论和应用的发展。

1）ENVISAT卫星

ENVISAT[82]卫星是欧洲宇航局（European Space Agency，ESA）的对地观测卫星之一，于2002年3月1日发射升空。该卫星所载的SAR系统为ASAR[83-85]（Advanced Synthetic Aperture Radar，ASAR），工作在C波段，波长为5.6 cm，具有多极化、可变观测角度、宽幅成像和多种工作模式的特点，最大观测范围可达400 km。该系统提供了丰富的关于地球大气、陆地、海洋和冰川等方面的数据。图1.1所示为ENVISAT卫星观测到的冰裂现象。

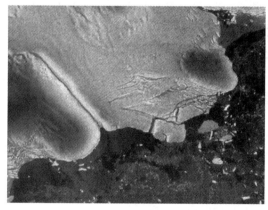

（a）冰裂前　　　　　　　　　　　　　（b）地震引起的冰裂

图1.1　ENVISAT成像结果

2）ALOS卫星

2006年1月，日本成功发射了先进的对地观测卫星ALOS[86-88]，它载有先进的PALSAR[89,90]合成孔径雷达传感器，可以获得全球高分辨率的对地观测数据。该系统主要应用于测绘、区域环境观测、灾害监测和资源调查等领域。PALSAR工作于L波段，具有高分辨率、扫描式合成孔径和极化三种工作模式。图1.2(a)所示为ALOS对Ontakesan火山绘制的地表变形图像，其中方框中点状（红色）表明火山口地表下陷。图1.2(b)为东京地区的宽幅SAR图像。

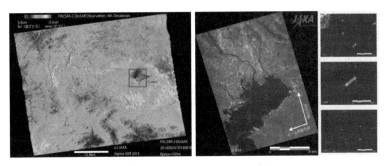

（a）地表变形绘制　　　　　　　　（b）宽幅图像

图 1.2　ALOS 成像结果

3）TerraSAR - X 卫星

德国宇航中心（Deutsches Zentrum fur Lurft - und Raumfahrt，DLR）于 2007 年 6 月发射了首颗 TerraSAR - X[91, 92]卫星，它采用相控阵天线，载有 X 波段合成孔径雷达，具有多种工作模式，在 1 m 分辨率聚束模式下测绘带幅宽为 15 km，15 m 分辨率扫描模式下测绘带幅宽为 100 km，如图 1.3 所示为其滑动聚束 SAR 模式及 TOP - SAR 模式的成像结果。2010 年 6 月，DLR 发射了第二颗 TerraSAR - X 卫星 TanDEM - X[93]，并与之前的卫星构成双基系统，用于为德国军方提供高精度的数字高程模型。

（a）滑动聚束SAR模式　　　　　　（b）TOP-SAR模式

图 1.3　TerraSAR 成像结果

4）LRO 系统

星载 SAR 不仅可以获取地球的高分辨图像，还可以探测未知星球的地形地貌。2008 年美国宇航局（National Aeronautics and Space Administration，NASA）发射的 LRO 卫星[94]，搭载了 SAR 系统 MiniRF[95]，分辨率为 150 m 和 30 m。同年，印度发射的 Chandrayaan - 1[96]卫星，搭载了 NASA 的 MiniSAR[97]系统，分辨率为 150 m。这两个系统都用于对月球两极的成像，为月球上水资源的寻找提供支持。图 1.4 为 LRO 卫星对月球北极的成像结果。

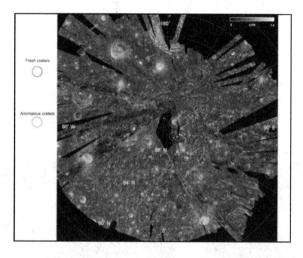

图 1.4　LRO 卫星对月球北极的成像结果

我国于 20 世纪 80 年代后期开展了对星载 SAR 的研究，于 1997 年完成了工程样机的研制。2006 年 4 月，我国自主研制的星载 SAR"遥感卫星一号"成功升空，该系统的地面分辨率为 5 m。2007 年 11 月，"遥感卫星三号"再次升空，其分辨率比一号卫星有所提高。2012 年 11 月，我国发射了"环境一号卫星 C 星"，它配置了 S 波段合成孔径雷达，可获取地物 S 波段影像信息，同时它具备空间条带和扫描两种工作模式，相应的分辨率为 5 m 和 20 m，成像照射范围约为 40 km 和 100 km。其在水环境监测、生态环境监测、环境监管和环境应急等环境保护领域发挥着重要的作用。

2.　机载 SAR 系统

机载 SAR 系统相比星载 SAR 系统具有更高的灵活性，且具有设计相对简单、易于实时实现及小型化等优点，近年来发展迅速。国外的机载 SAR 系统相对比较成熟，主要向着小型化、多波段、多极化、多模式以及多分辨率等方向发展。其中较为典型的机载 SAR 系统有美国 NASA/JPL 的 AIRSAR[98]，美国 Sandia 国家实验室的 MiniSAR[97]，美国 Sandia 国家实验室和 GA 公司联合研制的 Lynx SAR[99,100]，美国 JPL 的 UAVSAR[101]，德国 DLR 研制的 E-SAR[102,103] 和 F-SAR[104]，德国 FGAN 研制的 PAMIR[105,106]，以及加拿大、丹麦、荷兰、法国等国的机载 SAR 系统。

1) Lynx SAR 系统

美国 Sandia 国家实验室和 GA 公司联合研制的 Lynx SAR[107,108] 是一款应用于 Predator、Prowler II 以及 IGNAT 等多种实战无人机的 SAR 系统。Lynx SAR 系统可作用于30 km的范围内，工作频段为 Ku 波段，信号中心频率为 15.2 GHz～18.2 GHz 可选，发射信号功率为 320 W，重量仅有 55 kg。Lynx SAR 系统拥有多种工作模式，具有相干变化检测 (Coherent Change Detection，CCD)、干涉和地面动目标检测 (Ground Moving Target Identification，GMTI) 等功能。当它工作在条带模式时，分辨率为 0.3 m，聚束模式时的分辨率可达 0.1 m，GMTI 模式下最小可检测速度为 3 m/s，可对两幅间隔一分钟的 SAR 图像检测其变化。Lynx SAR 系统及成像结果如图 1.5 所示。

（a）Lynx SAR系统　　　　　　　　　（b）成像结果

图 1.5　Lynx SAR 系统及成像结果

2) MiniSAR 系统

美国 Sandia 国家实验室的微型合成孔径雷达 MiniSAR[97] 系统，主要用于与模型飞机大小相当的无人机、精确制导武器和空间应用。MiniSAR 的重量不足 13.6 kg，是"捕食者"无人机使用的 SAR 系统的四分之一，体积近似为后者的十分之一。经过三个阶段的发展完善，MiniSAR 系统的分辨率已经提高到 0.1 m。图 1.6 所示为 MiniSAR 系统及其成像结果。

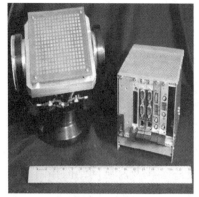

（a）MiniSAR系统　　　　　　　　　　　　　　　　（b）成像结果

图 1.6　MiniSAR 系统及成像结果

3）E - SAR 系统和 F - SAR 系统

德国 DLR 研制的机载实验系统 E - SAR[103]可同时工作在 X、C、L 和 P 四个波段，具备全极化成像的功能，其中 X 波段和 S 波段还具备单航过极化干涉能力，L 波段和 P 波段能够实现重航过 SAR 干涉成像。P 波段带宽为 100 MHz，而 X 波段采用调频步进的方式，带宽可达 800 MHz。在 E - SAR 取得巨大的成功之后，DLR 采用最新的硬件及架构对系统进行了重建，并给新系统取名为 F - SAR[109]。F - SAR 作为 E - SAR 后续的机载 SAR 系统，目前仍在研制当中。F - SAR 也是一个多波段 SAR 系统，系统最高分辨率可达 0.2 m，且具有全极化成像、X 波段极化干涉和 GMTI 能力。图 1.7 所示为 E - SAR 和 F - SAR 全极化成像结果。

（a）E-SAR　　　　　　　　　　　　　　　　　　（b）F-SAR

图 1.7　E - SAR 和 F - SAR 全极化成像结果

4）PAMIR 系统

德国 FGAN 高频物理和雷达技术研究所（The FGAN Research Institute for High Frequency Physics and Radar Techniques，FHR）设计并制造的 PAMIR[106, 110] 系统是一套多功能机载有源相控阵成像雷达实验系统，具备多通道宽测绘带成像、高分辨/超高分辨成像、多/全极化成像、干涉三维成像（Interferometric SAR，InSAR）及地面动目标显示等功能。该系统有 5 个通道，每个通道带宽为 360 MHz，通过调频步进的方式可以形成 1.8 GHz 的发射信号。在聚束模式下，该系统可以在作用距离为 30 km 时获得 0.1 m 的分辨率，在作用距离为 100 km 时分辨率也可达到 0.3 m。通过相控阵天线及时延网络的控制，在带宽为 1.8 GHz 时，方位向的扫描角度可达到 ±45°，可以满足未来 SAR 系统对波束灵活性和多模式的需求。近年来，FHR 对 PAMIR 系统进行了升级改造，信号带宽由升级前的 1.8 GHz 变为 3.6 GHz，分辨率也由升级前的 0.1 m 提高到 0.05 m。图 1.8 所示为 PAMIR 系统及其成像结果。

（a）PAMIR系统（左图：天线）

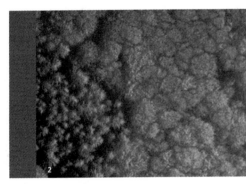

（b）混合林成像结果　　　　　　　（c）汽车成像结果

图 1.8　PAMIR 系统及其成像结果

我国于 20 世纪 80 年代开始了机载 SAR 系统的研究，并于 1979 年成功获得了国内第一幅机载 SAR 高分辨率图像。中电 14 所(中国电子科技集团公司第 14 研究所)、中电 38 所(中国电子科技集团公司第三十八研究所)、航天科工 23 所(中国航天科工二十三所)、航天科技(中国航天科技集团)504 所和 704 所，以及中国兵器工业集团 206 所等研究单位先后搭建了多种先进的机载 SAR 系统平台，并进行了多次飞行试验，录取了大批数据。基于这些实测数据，西安电子科技大学、国防科技大学、中科院电子所、北京航空航天大学、北京理工大学、南京航空航天大学和电子科技大学等高校对机载 SAR 系统中的关键技术进行了系统和深入的研究，极大地推动了国内机载 SAR 成像技术的发展。然而，在分辨率、图像信噪比等方面，国内 SAR 成像技术和国外先进技术相比还存在差距。

1.1.2 ISAR 系统概述

ISAR 按其工作平台分可为陆基 ISAR 和舰载 ISAR。

1. 陆基 ISAR 系统

20 世纪 60 年代中期，在 SAR 成像技术基础上发展起来一种新的成像技术：ISAR 成像。1965 年，美国高级研究计划署(Advanced Research Projects Agency，ARPA)与美国林肯实验室签订了建造 ALCOR[111-117] 雷达的合同，这是世界上第一部高功率、宽带高分辨 ISAR 成像雷达，具有里程碑的意义。1970 年，ALCOR 雷达在 Kwajalein Atoll 投入使用，从此雷达对目标的观测，不仅包括对其速度和散射截面(Radar Cross - Section，RCS)的测量，而且还包括对目标的图像识别，成为后来弹道导弹拦截、空天目标观测的重要研究方向。1972 年，林肯实验室将位于夸贾林靶场的 TRADEX[114, 116, 118] (Target Resolution And Discrimination Experiment)雷达由 UHF 波段改造成 S 波段，该雷达通过步进频的方式，将发射信号带宽合成为 250 MHz。70 年代末，为了提高雷达作用距离以及解决对空间高速旋转目标观测时的方位多普勒模糊问题，林肯实验室对 Haystack[114, 119] 宽带雷达进行了升级改造，并将升级后的 Haystack 雷达命名为远距离成像雷达(Long - Range Imaging Radar，LRIR)[120]。LRIR 雷达发射的线性调频信号带宽达 1 GHz，可对 40 000 km 远的轨道目标进行跟踪和成像。1993 年，林肯实验室又研发和建造了赫斯台克辅助雷达(Haystack Auxiliary Radar，HAX)[121] 系统，首次将发射信号带宽提高到 2 GHz，分辨率可达到 0.12 m，用于对国家导弹防御(National Missile Defense，NMD)的研究和空间目标识别，组成了林肯空间监视组合网(Lincoln Space Surveillance Complex，LSSC)，如图 1.9 所示。

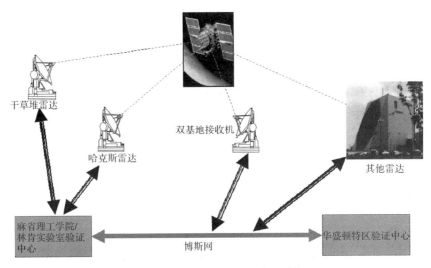

图 1.9　林肯空间监视组合网系统

1) Haystack 雷达

继磨石山雷达研制成功之后，1960 年林肯实验室又建造了 Haystack 雷达。该雷达相比于磨石山雷达，工作在更高频段，拥有更大的功率孔径积，同时具有通信、无线电以及天文学等多种用途。经过 4 年多的努力，Haystack 雷达于 1964 年 10 月完成研制，安装地点与磨石山雷达相距 0.8 km，如图 1.10(a)所示。图 1.10(b)右侧(小天线罩)所示为 1993 年建造的 HAX 雷达，它工作在 Ku 波段，带宽达到 2 GHz，距离分辨率可达到 0.12 m。

(a) Haystack 天线　　　　　　　　　(b) Haystack 及 HAX 系统

图 1.10　Haystack 雷达系统图

为了使 Haystack 雷达对空间目标具有精细成像的能力，2010 年林肯实验室将 Haystack 雷达升级改造为赫斯台克超宽带卫星成像雷达[122]（Haystack Ultrawideband Satellite

Imaging Radar，HUSIR）。HUSIR 雷达的工作频段由 X 波段（9.5 GHz～10.5 GHz）变为 W 波段（92 GHz～100 GHz），带宽也扩展到 8 GHz，其分辨率可达到惊人的 0.0187 m，成为世界上分辨率最高的地面监测雷达。图 1.11 所示为 Haystack 雷达升级前后对仿真卫星目标的成像结果。可以看出，升级后的 HUSIR 雷达其分辨率有显著的提高。

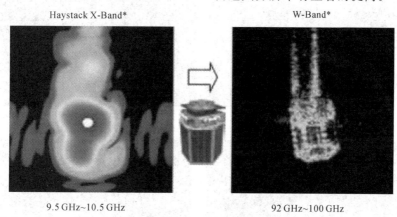

图 1.11　HUSIR 在不同波段下仿真卫星成像结果

2）TIRA 雷达

TIRA 雷达（Tracking and Imaging Radar）[123-126] 是德国 FHR 实验室研制的陆基跟踪与成像雷达。它具有多波段的工作模式，当其工作在 L 波段（1.33 GHz）时，发射窄带信号，用于对目标进行跟踪和测速；当其工作在 Ku 波段时，发射带宽为 800 MHz 的宽带信号，用于对目标进行成像。该雷达主要用于观测在轨的空间目标，可通过对目标不同姿态下的 ISAR 图像进行分析，反演出目标的形状、大小等特征信息。图 1.12 为其对 ENVISAT 卫星和 ROSAT 卫星的 ISAR 成像结果。

（a）TIRA雷达系统

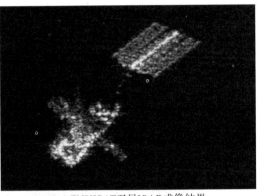

（b）ENVISAT卫星光学照片　　　　　　（c）ENVISAT卫星ISAR成像结果

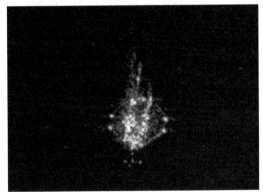

（d）ROSAT天文卫星光学照片　　　　　　（e）ROSAT卫星ISAR成像结果

图 1.12　TIRA 雷达 ISAR 成像结果

2. 舰载 ISAR 系统

　　海湾战争使得世界各国认识到战术弹道导弹对于取得战争最后胜利具有关键性的作用，因而对战术弹道导弹的防御变得非常重要。美国空军与林肯实验室合作研发了一种可以移动的相控阵雷达，其目的是对各国的弹道导弹数据进行收集和获取。区别于陆基雷达，由于其具有较好的机动性，因此克服了雷达作用距离的限制。

　　1）Cobra Judy 雷达系统

　　1981 年，美国军舰"瞭望号"装备了 Cobra Judy[127-130]相控阵雷达系统，如图 1.13 最右侧所示。它采用了 S 波段的有源相控阵雷达，由于其具有较好的机动性和隐蔽性，是美国战区导弹防御体系中最重要的雷达之一。1984 年，美国空军对该相控阵系统进行了升级，加装了 X 波段碟形天线，使它具备了宽带 ISAR 成像功能。Cobra Judy 雷达可以与美国导弹防御系统中的火控雷达协同工作，是目前最大的舰载相控阵雷达。

图 1.13 Cobra Judy 雷达系统

2）Cobra Gemini 雷达系统

20 世纪 90 年代末，林肯实验室研制了陆海两用雷达：Cobra Gemini 雷达[114, 130, 131]，并于 1999 年 3 月在"Naval T - AGOS ship"上完成安装并投入工作，如图 1.14 所示。该雷达系统可工作在带宽为 300 MHz 的 S 波段和带宽为 1 GHz 的 X 波段，两个波段共用一个天线。当雷达工作在 S 波段时，可对 1000 km 外的战术弹道导弹进行跟踪；当工作在 X 波段时，可对跟踪目标进行高分辨成像，成像分辨率达到 0.25 m。

图 1.14 Cobra Gemini 雷达系统

90 年代末，我国正式将 ISAR 列入国家"863"计划，依托众多高校和科研机构，对 ISAR 成像技术进行了系统和深入的研究。西安电子科技大学、国防科技大学、哈尔滨工业大学和南京航空航天大学等众多高校，以及中电 14 所、中科院电子所和航天科工 23 所等相关单位在理论研究方面进行了较为详细的论证。1993 年，国内首部远距离宽带 ISAR 成像雷达研制成功，带宽为 400 MHz。2006 年又成功研制出 800 MHz 带宽的地面观测雷达。2008 年，南京 14 所成功研制了全极化地面成像雷达，带宽达到 1 GHz。这些科研机构对 ISAR 技术的发展起到了巨大的推动作用。总体来说，目前我国 ISAR 成像技术发展非常迅速，已有多种对空间大型目标跟踪和成像的 ISAR 雷达，并获得了大量的舰船、飞机、卫星等目标的数据，极大推动了 ISAR 成像技术的进步。但与发达国家相比，我国在 ISAR 系统集成、装备实用的程度上还存在一定的差距。

1.2　关键问题和难点

随着雷达高分辨成像技术的发展，其应用范围越来越广泛。在民用方面，SAR 系统已成功应用于环境监测、资源勘查和灾害评估等方面，而 ISAR 在民航调度、无人机黑飞等领域发挥着重要的作用。在军用方面，SAR/ISAR 由于具有全天时、全天候的特点，是战场监视和预警，战场情报获取，弹道导弹防御，雷达目标自动分类、识别以及空间探测的重要途径。

纵观雷达成像的发展史，每次分辨率的提高总是具有里程碑的意义。分辨率是衡量雷达性能优劣的重要指标之一，高分辨的目标图像，可以较大程度地提升对目标的识别能力。SAR/ISAR 的分辨率水平对于其应用范围更是至关重要，现如今，合成孔径雷达在民用领域的广泛应用与其拥有较高的分辨率水平密不可分。随着硬件制造工艺的不断进步和超分辨成像算法的不断提出，雷达成像分辨率已由最初的米级发展到现在的分米级甚至厘米级。雷达成像的距离向分辨率与发射信号的带宽成反比，因而提高距离维的分辨率，需要增加发射信号的带宽，这主要取决于发射机的硬件性能。近年来，越来越多的超宽带雷达相继问世。例如 HUSIR 雷达，其带宽达到 8 GHz，分辨率达到 0.0187 m。方位分辨率与合成孔径长度有关，取决于雷达和目标之间的相对运动历程，以及采用的信号处理方法。对于 SAR 而言，通过主动规划平台的航迹，可以自主控制合成孔径的长度与阵列流型。也可采用不同的模式，例如条带模式、聚束模式、TOP 模式、SCAN 模式等，在分辨率与观测场景幅宽之间取得平衡。不论哪种模式，方位向的高分辨率都对合成孔径阵列流型的精度要求越来越高，因为目标与雷达之间的相对运动历程在回波信号的相位中，需要达到发射信号波长的数量级。一般而言，工作频率越高，相应的可设计的带宽越宽，对应的波长越短，精度要求也越高。同时，现代 SAR 系统向着小型化、高分辨率的方向发展，其平台由星载、机载转向无人机、弹载。由于无人机、导弹等小平台质量轻、体积小，航线、速度都非常不稳定，在低空条件下极易受气流颠簸影响，有时为了躲避对方的雷达，必须进行相应的变航线等操作，导致合成孔径阵列流形变得极其复杂。对于 ISAR 而言，想要获取精确的相对运动历程更加困难。ISAR 的观测目标通常是非合作的目标，有时还伴有强机动性。同时，ISAR 的合成孔径长度与目标的观测时间有极大关系，能否持续对目标进行观测也对方位向分辨率有很大的影响。

因此，无论是 SAR 还是 ISAR，为了能够获得观测目标高分辨率的图像，必须对回波数据进行运动补偿。目前，针对 SAR 系统的运动误差补偿方法主要分为两种：一种是基于运动传感器测量的补偿方法。这种方法主要依靠惯性导航单元(IMU)和全球定位系统(GPS)，实时精确地测量并记录平台的位置。其中 IMU 可记录平台速度、加速度，以及姿态等运动信息，但是其测量误差受时间累积误差的影响较大，长时间工作难以保证测量精度，因此需要 GPS 作为辅助设备加以校正，定时对 IMU 进行校准以保证精度要求。但是基于运动传感器测量的补偿方法有它的缺陷，一是目前国产 IMU 精度达不到成像所需的精度要求，又受到国外技术封锁的限制，依靠国产的 IMU 很难获得高分辨的图像，即使从国外进口 IMU，其测量精度也低于国外的相同产品。而且，由于 IMU 需要 GPS 作为其辅助设备，而 GPS 完全由美国控制，依靠 IMU+GPS 来进行运动补偿，其可靠性也值得怀疑。因此在我国自主研发的北斗导航系统未完成之前，基于惯导的运动补偿技术有局限性。另外，对于无人机等小型载体平台，其负载能力非常有限，载荷过重意味着飞行高度变低、巡航半径变小，因而难以装备高精度的 IMU+GPS。对于 ISAR，更难以依靠运动传感器对非合作目标进行精确测量。所以另一种运动补偿方法：基于数据的高精度自适应运动补偿方法显得尤为重要，也是国内外学者研究的重点。

SAR 系统除了可以工作在条带模式外，还常常具有斜视模式。条带模式时，天线的波束中心指向与平台的航迹垂直。斜视模式时，天线的波束中心指向与垂直于航迹的方向有一定的夹角，称为斜视角。大斜视 SAR 有非常大的优势，它不需要载机平台接近观测的区域就可以获得该区域的高分辨 SAR 图像，避免了被敌方雷达发现的可能，这一优势在战场上和边境地区显得尤为重要。然而，斜视 SAR 由于其工作模式的特殊性，会引入较大的方位空变相位误差，即相位误差随着孔径的位置在变化。尤其当斜视角较大时，方位空变的相位误差非常明显，直接导致大斜视 SAR 图像的严重散焦。方位空变的相位误差与条带模式下的方位非空变相位误差有着极大的不同，它不仅是方位慢时间的函数，而且随着方位孔径位置的变化而变化，方位误差函数模型也比较复杂，建立在方位非空变相位误差模型基础上的传统运动补偿方法在大斜视 SAR 模式下失效。不仅如此，为了能够对感兴趣的区域进行广域观测，需要增大雷达的波束宽度，宽波束大场景观测时，也同样会引入方位空变的相位误差。因此，如何能够充分发挥斜视 SAR 和广域模式 SAR 的优势，研究精确的方位空变相位误差补偿方法是获得大斜视下高分辨 SAR 图像的难点和关键问题。

现代的 ISAR 系统都具有跟踪、成像等多种功能。利用相控阵技术，它能够快速切换波束指向，发射窄带信号对目标进行跟踪，然后迅速切换到宽带模式对跟踪到的目标进行宽带观测来获得目标的高分辨图像。对于单部 ISAR 雷达，跟踪模式与成像模式是分时进行的，这就要求雷达系统合理地分配时间资源，使得各个模式之间能够协同工作。然而，由于观测目标航迹的不确定性，尤其是机动目标，随时可能超出雷达的波束观测范围，因而在雷达的宽带数据中，还是难免出现丢帧现象，导致宽带观测数据在方位时间上不是连续的，形成稀疏孔径信号。方位分辨率与对目标的宽带观测时间有很大的关系，方位时间上的不连续对传统的 ISAR 成像技术是极大的挑战。此外，在宽带组网雷达观测中，对于同一个目标，各个传感器仅能在各自的工作频率上获得有限的频段数据，也将引入频率和孔径稀疏的问题，更有可能受到对方干扰机压制性干扰的威胁等。因此，研究基于稀疏孔径信号的 ISAR 高分辨成像技术具有重要的价值。

对群目标(飞机编队的突防，弹道导弹的多弹头等)成像是 ISAR 面临的又一个难点。群目标中子目标之间的距离相对较近，这样在雷达的一个波束中有可能包含多个子目标。对同一波束中的多个子目标进行成像，多普勒频谱的模糊是必须要考虑的问题。ISAR 为了能够增加探测距离，脉冲重复频率(Pulse Repetition Frequency，PRF)一般都比较低，以保证相邻两次脉冲不混叠。低 PRF 避免了距离模糊，但同时又引入了多普勒模糊。当对群目标进行观测时，由于其空间分布广，相对应的多普勒带宽常常超出 PRF 范围。用较低的 PRF 对较大的多普勒带宽进行欠采样，会导致出现多普勒模糊现象。多普勒模糊同样会出现在对大尺寸目标和超高速目标的 ISAR 观测中，研究多普勒解模糊问题是 ISAR 高分辨成像面临的又一难题。

综上所述，结合现代宽带雷达体制和雷达成像应用的特点，研究雷达非模糊高分辨成像对提升雷达成像的探测和信息获取能力至关重要。本书介绍了利用信号处理方法解决雷达成像中面临的一系列问题以提高雷达的成像质量，主要包括雷达成像运动补偿技术中的相位误差补偿，包括方位非空变相位误差补偿技术、方位空变相位误差补偿技术，以及稀疏孔径高分辨成像及距离走动校正技术、群目标的无模糊高分辨成像及距离走动校正技术等关键点。

（1）方位非空变相位误差的高效、高精度补偿问题。

对方位非空变相位误差的补偿已有很多方法，其中具有代表性的是相位梯度自聚焦（Phase Gradient Autofocus，PGA)方法，该方法利用了相邻的两次回波作为相位误差的估计，具有普适性，但精度有时达不到要求。最大似然估计的特征向量分解法，将回波数据的协方差矩阵进行特征值分解，利用最大特征值对应的特征向量来估计相位误差，相位误差的估计方差可以达到克拉美罗界，能够获得理想的聚焦效果。但由于需要对协方差矩阵进行特征分解，受限于庞大的运算量，实际应用较少，因此如何在保持高精度的前提下，高效地补偿方位非空变相位误差是一个难点。

（2）方位空变相位误差补偿问题。

大斜视 SAR 或者宽波束 SAR 成像中常常出现方位空变的相位误差。对于方位空变的相位误差补偿，现在多采用子孔径分割的方法，认为各子孔径中的相位误差是方位非空变的，这样就可以对每个子孔径数据采用现有的相位误差补偿方法进行处理，最后通过子孔径的拼接获得全孔径图像。如何进行子孔径分割是面临的主要问题。子孔径分割过小，相位误差的估计精度不够，子孔径分割过大，其中的相位误差仍然存在方位空变分量。同时，子孔径拼接时，由于各子孔径对相位误差的补偿精度不同，使得有的子孔径相位误差补偿精度高，有的子孔径相位误差补偿精度低，这样导致最终的图像拼接不可避免地出现拼痕，降低了图像的质量。尽管采用一些数据处理技巧可弥补子孔径拼接时的缺陷，例如子孔径重叠技术，找到精度与子孔径大小的最优选择，也很难获得理想的聚焦效果。因此，针对方位空变的相位误差，如何采用有效的方法进行补偿是一个难点。

（3）稀疏孔径高分辨成像及距离走动校正问题。

现代多功能雷达通过在不同时刻交替发射窄带信号和宽带信号来实现目标追踪模式和成像模式之间的切换。雷达通常发射窄带信号对目标进行跟踪，通过发射宽带信号对目标进行成像。由于采用分时系统，使得用于成像所需的宽带观测时间有限，宽带回波信号在方位孔径上不再连续而形成稀疏孔径信号。同时，观测目标通常是非合作的，经过平动补偿后，目标的旋转角度仍然很大，导致一些散射点距离走动量较大。当分辨率较低时，散射点的距离走动量仍然在一个距离分辨单元内，距离走动量可以忽略。但是，当分辨率较高或目标尺寸较大时，离转动中心较远的散射点的距离走动量常常超出一个甚至多个距离分辨单元，导致图像产生严重模糊。同时，较大的转动分量也使得多普勒频率不再是常量而随时间变化。散射点的距离走动和时变的多普勒给机动目标的 ISAR 成像带来很大的挑战。由于孔径的不连续，包括运动补偿在内的误差校正是一个难点。

（4）群目标无模糊高分辨成像及距离走动校正问题。

为了提高作用距离以及避免距离模糊，雷达的 PRF 一般都比较低。较低的 PRF 给群目标的成像带来了极大的挑战，群目标的空间分布范围一般较大，其对应的多普勒带宽较宽，常常超出 PRF 的范围，会引入多普勒模糊。由于 ISAR 图像方位成像域是频域，多普勒模糊现象的出现必然引入较多的虚假目标像，不仅如此，在对群目标高分辨成像时，必须要考虑距离走动校正问题。当模糊信号与非模糊信号混叠在一起时，它们对应的走动量差异非常大，如何校正多普勒模糊时的距离走动以获得群目标高分辨图像是一个难点。

1.3　本书内容安排

本书针对以上应用背景，研究内容覆盖 1.2 节中的四个关键问题，这些问题均与本课题组的重点科研任务紧密结合，围绕国家自然科学基金、国防科技项目基金、陕西省基金，以及博士后基金项目，对雷达非模糊高分辨成像算法与运动补偿技术进行研究。

本书主要内容分成四章，包括基于加权最大范数的相位误差补偿方法（第二章）、方位空变的相位误差补偿方法（第三章），机动目标稀疏孔径成像及距离走动校正方法（第四章）和群目标的非模糊高分辨成像与距离走动校正方法（第五章）。主要工作和具体内容如下：

第二章，基于加权最大范数的相位误差补偿方法。

（1）建立了 2-范数最大化的代价函数，通过对代价函数的优化求解，能够较为精确地估计出随机初始相位，在与特征向量分解法精度相同的情况下，提高了算法的运算效率。

（2）参考信噪比加权的思想，通过对不同距离单元赋予不同的权值，对信噪比高的特显点样本单元赋予较大的权值，对信噪比低的特显点样本单元赋予较低的权值，增强了信噪比高的特显点样本对相位误差估计的贡献，改善了算法的相位误差估计精度。

第三章，方位空变的相位误差校正方法。

（1）建立了更具广泛性的方位相位误差函数。现有的相位误差补偿方法均假设相位误差的信号模型是慢时间的函数，没有考虑相位误差的方位空变性。当雷达的波束较宽或者雷达工作在大斜视时，这种假设不再成立。因而，对方位空变相位误差的补偿超出了现有方法的能力。

（2）通过建立以图像对比度为准则的最优化代价函数，对全孔径数据进行空变的相位误差估计，避免了子孔径数据的划分，通过对代价函数的优化求解可以使得图像对比度最大化，进而得到聚焦度最优的图像。同时，由于不需要进行子孔径的划分，也避免了子孔径拼接产生的拼痕,图像质量明显优于现有的方法。更重要的是,仅需要很少的循环次数就可达到收敛精度,改进后可以做到实时处理。

第四章,机动目标稀疏孔径成像及距离走动校正方法。

(1)在平动补偿阶段,采用以最小熵为准则的包络对齐方法和以特征分解为准则的自聚焦方法。由于 ISAR 信号具有很强的稀疏性,通过稀疏约束函数的优化求解从稀疏信号中恢复出全孔径信号。

(2)考虑到平动补偿后,散射点的距离走动仍然存在,因此构造含有一次距离-方位耦合项的 chirp – Fourier 基,然后在稀疏信号优化求解的过程中,引入快速傅里叶变换,提高了算法的求解效率,同时精确估计并补偿每个散射点的距离走动量。重构出不含距离走动量的全孔径信号后,采用时频分析方法,消除时变多普勒频率在图像中引入的模糊,最终获得稀疏孔径下机动目标的高质量瞬时图像。

第五章,群目标的非模糊高分辨成像及距离走动校正方法。

(1)建立了多普勒模糊下的群目标信号模型,利用稀疏信号分解的方法,精确地提取出群目标中每个散射点对应的 chirp 信号。在建立稀疏字典的过程中考虑了多普勒模糊下的距离-方位耦合项,因而通过对信号的稀疏分解,可以精确估计出每个 chirp 信号的多普勒模糊数,同时完成每个 chirp 信号的解模糊处理。

(2)通过对群目标信号模型分析可知,当多普勒中心相同时,多普勒模糊信号与非模糊信号具有不同的距离走动量,因此可利用稀疏分解得到的每个 chirp 信号的多普勒模糊数,计算出不同模糊数下散射点的真实距离走动量,完成每个散射点的距离走动校正。待完成多普勒解模糊和距离走动校正处理后,采用传统的成像方法可获得群目标的无模糊高分辨图像。

最后,第六章对全文的工作进行了总结,并对高分辨雷达成像的下一步研究方向进行了展望。

第二章 基于加权最大范数的相位误差补偿方法

2.1 引 言

在 SAR 和 ISAR 成像技术中，通过对雷达接收的复回波信号进行脉冲压缩来获得距离向的高分辨率；而方位向的高分辨率则是通过对各次回波信号沿方位维的相干积累来实现的。由于方位向的相干积累要求各次回波信号必须是相干信号，因而雷达回波信号在方位向上对相位的变化非常敏感。雷达与目标之间的相对运动，在回波信号的方位向相位中要达到发射信号波长的数量级。即使较小的运动，也会引起方位向相位的较大变化，因此在实际的数据录取过程中，回波信号的方位向中存在相位误差是不可避免的。

引入相位误差的原因主要包括：雷达的真实运动轨迹与建立的信号几何模型失配。对于 SAR 而言，理想的信号几何模型要求雷达做匀速直线运动，然而实际中雷达载体平台运动通常具有不平稳性，尤其对于中、低空飞行的轻型飞机、无人机和直升飞机等，载机的颠簸和扰动的可能性比较大，极易受到较强气流的影响而引起机体偏离理想航线。ISAR 也面临相同的问题，ISAR 建立的信号模型，需要观测目标做匀速直线飞行，当补偿掉平动分量后，目标的运动可等效为匀速转台模型。而实际中观测的目标通常为非合作目标，其运动参数和航迹同样具有不确定性，飞行中常常伴有俯仰、偏航和横滚等。此时，平动补偿后的 ISAR 信号中，由于相位误差的存在，不能等效为匀速转台模型。

相位误差的存在严重影响了雷达的成像质量，主要表现在图像沿方位向的散焦，不利于对目标的识别和分类等后续处理，因此对回波信号进行运动补偿是成像雷达在实际中发挥作用的重要环节。可以说，没有经过运动补偿的数据，是不可能获得目标高分辨图像的。若雷达和目标之间的相对运动能够精确测量，那么可以利用精确的位置参数信息将雷达载体平台的复杂阵列流型补偿成为均匀间隔的直线阵列流型，补偿后的阵列流型满足 SAR 理论的信号几何模型，可以获得聚焦良好的图像。因而，对于 SAR 系统而言，运动补偿处理可以通过采用高精度的惯性导航系统对天线相位中心位置进行精确记录，从而实现对回波信号的高精度运动补偿。但是，由于方位相位误差是相对于发射信号波长的数量级，需要对天线相位中心位置非常精确的测量，这对惯性导航系统的精度提出非常高的要求。对于国产的惯性导航系统而言，一方面受到精度的限制，短时间内很难达到高分辨成像所需要的精度要求，更重要的是高精度意味着雷达成本的提高。同时，现代 SAR 系统的载体，由星载、机载转向无人机、弹载，较小的平台对于 SAR 系统的重量要求非常苛刻。SAR 系统重量的增加，已经不能适应现代战争的要求。装载有高精度惯导和 GPS 的 SAR 系统偏离了 SAR 的小型化发展方向，因此实际的 SAR 系统中，先采用中等/低精度的惯性导航系统对测量数据进行粗补偿，然后再采用基于数据的自适应运动补偿技术[132-134]进行精补偿。相比而言，这种方式是较为经济的。对于 ISAR 而言，由于观测目标的航迹和运动参数未知，基于数据本身的运动补偿，特别是相位误差补偿技术是获得 ISAR 高分辨图像的关键。在高分辨雷达成像中，研究稳健高精度的相位误差补偿技术意义重大。

经典的相位误差补偿方法主要包括特显点法[27]（Prominent Point Processing，PPP）和相位梯度自聚焦方法[135]。这两种方法对相位误差的模型没有限制，因此可以估计出大部分的相位误差。但是，由于这两种方法是在聚束模式下推导的相位误差，仅仅利用了相邻的两次回波作为相位误差的估计，因此在其他模式下聚焦精度受到一定的损失，虽然方法具有普适性，但在特殊情况下，相位误差的估计精度达不到要求。加权相位估计自聚焦方法[136]（Weighted Phase Estimation，WPE）对于相位误差的阶数无要求，具有很强的鲁棒性。然而，该算法首先需要提取各像素单元的相位信息，然后对各像素单元对应的相位信息逐个进行相位展开，当图像较大、像素单元个数较多时，采用此算法必然引入巨大的运算量。对于 ISAR 而言，由于观测的目标一般较小，采用此方法可以获得较好的聚焦效果。对于 SAR 而言，其观测场景通常在几公里范围内，为了能够得到距离维的高分辨率，发射信号的带宽通常都比较大，这样，距离维采样后的像素点非常多，同时为了能够得到方位维的高分辨，合成孔径时间也较长。在这种情况下，WPE 自聚焦方法耗时较长。还有一种最大似然估计的特征向量分解自聚焦法[137]，它将回波数据的协方差矩阵进行特征值分解，利用最大特征值对应的特征向量来估计相位误差，采用这种方法估计的相位误差，其方差可以达到克拉美罗界，因此，相比于其他方法，可以获得理想的聚焦效果。但是由于需要对协方差矩阵进行特征分解，庞大的运算量使得其无法满足实时处理要求，且对计算机内存要求很高。

为了解决上述问题，本章提出一种基于加权最大范数的相位误差补偿方法。该方法通过求解 2-范数最大化的优化函数，能够精确估计出随机初始相位，避免了特征向量分解法对协方差矩阵进行特征值分解的过程，在保证精度的前提下，显著地提高了算法的运算效率；同时参考信噪比加权的思想，通过对不同距离单元赋予不同的权值，对信噪比高的特显点样本赋予较大的权值，对信噪比低的特显点样本赋予较低的权值，增强了高信噪比特显点样本对相位误差估计的贡献，改善了算法的相位误差补偿精度。最后，本章利用实测数据进行算法的有效性验证，其结果表明本章提出的相位误差补偿方法比 PGA 方法具有更好的聚焦效果，在保证与特征向量分解自聚焦算法聚焦精度相同的情况下，对相同的数据进行处理，其运算所消耗的时间远低于前者。

2.2　信号模型

对回波信号的相位误差补偿通常是在回波信号经过距离压缩后进行的，并且此时信号已经完成了距离徙动校正(ISAR 中为包络对齐)。本章提出的相位误差补偿方法假设回波信号满足点散射模型，即观测目标由分布在目标表面上的一系列散射点组成，它的回波信号可以看作这些散射点信号的和。

假设回波信号经过距离压缩后，第 n 个距离单元中只有一个孤立的散射点，若此距离单元中不存在相位误差，回波信号经过离散采样后可写为

$$\tilde{x}_n(m) = A_n(m)\exp(\mathrm{j}[2\pi f_n \cdot m + \psi_n]) \tag{2-1}$$

$$n = 1, 2, \cdots N; \ m = 1, 2, \cdots M$$

其中，N 表示总的距离单元的个数，M 表示总的方位单元个数，$\tilde{x}_n(m)$ 表示第 n 个距离单元中第 m 个方位单元的信号，f_n 表示第 n 个距离单元的多普勒频率，ψ_n 表示第 n 个距离单元中包含的随机初始相位。

需要说明的是，上述信号模型建立的前提条件是目标相对于雷达视线方向转动的角度较小，且目标飞行较为平稳，其速度可以近似为匀速，也就是说，目标是非机动的。当满足上述前提条件时，信号模型中可以忽略多普勒二次相位的影响。当存在相位误差时，信号模型变为

$$x_n(m) = \tilde{x}_n(m)\exp(\mathrm{j}\Psi_n(m)) \tag{2-2}$$

为了后面分析方便，我们把式(2-2)中的相位 $\Psi_n(m)$ 单独表示为

$$\Psi_n(m) = 2\pi f_n \cdot m + \psi_n + \gamma_m \tag{2-3}$$

式(2-3)就是小角度非空变的信号模型。其中，γ_m 表示随方位慢时间变化的非空变相位误差。方位误差随慢时间变化，是慢时间的函数。需要说明的是，这里忽略了相位误差的

距离和方位空变性,通常情况下这种假设条件是满足的。

上述信号模型中,假设条件中的孤立散射点单元在实测数据中几乎是不存在的。但是,在实测的回波信号中,存在着一些特殊的距离单元,它们含有较为明显的孤立强散射点,其信号幅度为常数,其余较弱的散射点可以认为是杂波与噪声,它们共同作用使得强散射点的幅度产生微小的起伏,我们把这些含有孤立强散射点的距离单元称为特显点单元[138]。特显点单元可以看作含有杂波和噪声的孤立散射点单元,因而可将特显点单元作为样本信号,再对样本信号的幅度进行一定的加权,来估计相位误差 γ_m。特显点单元可以通过计算所有距离维的归一化幅度的方差来获得。

定义归一化幅度的方差 σ_n^2 为

$$\sigma_n^2 = \sum_{m=1}^{M} \frac{(A_n(m) - \overline{A}_n)^2}{\overline{A}_n^2} \qquad (2-4)$$

其中,$A_n(m)$ 表示第 n 个距离单元中第 m 个方位单元的信号幅度,$\overline{A}_n$ 表示第 n 个距离单元中所有方位单元的幅度的均值,$\overline{A}_n^2$ 为其均方值。一般而言,当 σ_n^2 大于 0.2 时[136],可将此距离单元看作特显点单元。

假设回波信号中共有 L 个特显点单元,按照 σ_n^2 从小到大排序后,构成了特显点样本信号:

$$\boldsymbol{X} = \begin{bmatrix} \boldsymbol{x}_1 & \cdots & \boldsymbol{x}_n & \cdots & \boldsymbol{x}_L \end{bmatrix}_{M \times L} \qquad (2-5)$$

其中,$\boldsymbol{x}_1 = \begin{bmatrix} x_1 & x_2 & \cdots & x_M \end{bmatrix}^{\mathrm{T}}$ 表示 σ_n^2 最小时所对应的距离单元。

2.3 相位误差的估计与补偿

从式(2-3)可知,回波信号经过距离压缩后,其相位中包含多普勒相位、随机初相和相位误差。为了能够准确估计出相位误差 γ_m,需要消除多普勒相位 f_n 和随机初相 ψ_n 的影响。本节首先通过一维方位像平移至图像中心来消除多普勒频率的影响,这里的多普勒频率仅包括多普勒一次相位。然后构建代价函数,通过对代价函数的优化求解来实现对随机初相的精确估计。待估计并补偿多普勒频率和随机初相后,剩余相位就是需要补偿的相位误差。实际上,随机初相、多普勒相位以及相位误差是同时存在且相互影响的,很难做到对某一个相位的精确估计及补偿,因此,可借鉴迭代处理的思想,通过多次迭代处理来提高估计精度。

2.3.1　多普勒相位的补偿

对于小角度非机动目标，多普勒相位指的是由于多普勒现象引起的线性相位项。它在图像域（多普勒域）中表现为同一距离单元中的不同散射点偏离图像中心的位置。对于特显点样本信号，由于认为同一距离单元中只有一个强散射点，因此可通过将特显点所在距离单元的一维方位像（对应幅度最大的方位单元）沿圆周平移至图像中心来补偿多普勒线性相位[134]。具体步骤包括：首先将式（2-5）表示的特显点样本信号通过方位向傅里叶变换（Fast Fourier Transform，FFT）到图像域，找到不同距离单元中峰值处相对于图像中心的偏移量 l_n，然后做逆傅里叶变换（Inverse Fast Fourier Transform，IFFT）到数据域后，再乘以多普勒线性相位式（2-6），将其移至图像中心。

$$H_1(n) = \exp(\mathrm{j}2\pi f_n l_n) \tag{2-6}$$

其中，l_n 表示第 n 个距离单元中峰值到图像中心的偏移量。多普勒线性相位补偿后，为了提高样本单元的信杂噪比，可以通过对特显点样本信号进行加窗滤波，过滤大部分杂波和噪声能量。窗长可以自适应选择[132]，也可预先设定逐步减小的窗长。

经过多普勒相位补偿和加窗滤波后，特显点单元的回波相位 $\boldsymbol{\Psi}(m)$ 表示为

$$\boldsymbol{\Psi}(m) = \boldsymbol{\psi} + \boldsymbol{H}\gamma_m \tag{2-7}$$

其中，$\boldsymbol{\psi} = \begin{bmatrix} \psi_1 & \psi_2 & \cdots & \psi_L \end{bmatrix}^{\mathrm{T}}$ 表示不同样本信号对应的随机初始相位，$\boldsymbol{H}_{L\times 1} = \begin{bmatrix} 1 & 1 & \cdots & 1 \end{bmatrix}^{\mathrm{T}}$ 表示单位列向量。

2.3.2　随机初相的补偿

由于初始相位 $\boldsymbol{\psi}$ 具有随机性，因此对随机初相的估计与补偿难度很大。通过分析矢量信号 $\boldsymbol{\Psi}(m)$ 的特点可知，随机初始相位 $\boldsymbol{\psi}$ 会改变特显点样本信号 $\boldsymbol{X}$ 在复数平面的矢量方向，不同距离单元的特显点样本信号 $\boldsymbol{x}_n$ 的矢量方向不同，如图 2.1(a) 所示。图 2.1(a) 中红色箭头方向表示 σ_n^2 最大的特显点样本信号 $\boldsymbol{x}_1$ 的矢量方向 ψ_1，黑色箭头方向表示 σ_n^2 最小的特显点样本信号 $\boldsymbol{x}_L$ 的矢量方向，蓝色箭头表示 $\boldsymbol{x}_n$ 的矢量方向，与红色箭头方向之间的夹角为 ϕ_n。由于特显点样本信号的矢量方向各不相同，因此无法直接估计相位误差 γ_m，需要将所有不同矢量方向的样本信号补偿到同一方向。当所有的特显点回波矢量同向时，它们的和的 2 范数应该最大。因此，对随距离向变化的随机初相 $\boldsymbol{\psi}$ 的估计转化为对下面代价函数的最优化求解：

$$\max \left\| \boldsymbol{x}_1 + \sum_{n=2}^{L} \boldsymbol{x}_n \exp(\mathrm{j}\phi_n) \right\|^2 \tag{2-8}$$

其中，ϕ_n 表示第 n 个样本信号的矢量方向与 $\boldsymbol{x}_1$ 的矢量方向的夹角。初相 $\boldsymbol{\psi}$ 的补偿实质上是对所有的样本信号进行初相对齐，也就是将所有样本信号的相位补偿成相同的常数项，此时信号由非相干信号变为相干信号，如图 2.1(b) 所示。本节提出的基于加权最大范数相位误差补偿方法中的对齐处理通过迭代实现，下面进行详细说明。

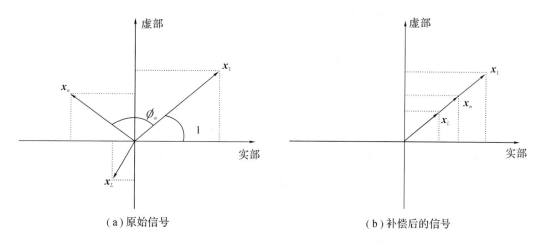

（a）原始信号　　　　　　　　　　　　（b）补偿后的信号

图 2.1　特显点样本信号矢量方向

（1）首先将特显点单元 $\boldsymbol{x}_1$ 作为参考信号，利用相位 ϕ_2 对 $\boldsymbol{x}_2$ 进行补偿，使其与 $\boldsymbol{x}_1$ 对齐，对齐标准为

$$\max \|\boldsymbol{x}_1 + \boldsymbol{x}_2 \exp(\mathrm{j}\phi_2)\|^2 \qquad (2-9)$$

然后对 $\boldsymbol{x}_1$ 和 $\boldsymbol{x}_2$ 进行相干叠加得到 $\boldsymbol{x}_{e,2} = \boldsymbol{x}_1 + \boldsymbol{x}_2 \exp(\mathrm{j}\phi_2)$。

（2）以 $\boldsymbol{x}_{e,2}$ 为参考信号，将 $\boldsymbol{x}_3$ 与 $\boldsymbol{x}_{e,2}$ 相干对齐得到 $\boldsymbol{x}_{e,3} = \boldsymbol{x}_{e,2} + \boldsymbol{x}_3 \exp(\mathrm{j}\phi_3)$，对齐准则为 $\max \| \boldsymbol{x}_{e,2} + \boldsymbol{x}_3 \exp(\mathrm{j}\phi_3) \|^2$。

（3）如此迭代处理直到所有特显点单元相干对齐，并且采用本次迭代中相干对齐信号 $\boldsymbol{x}_{e,L}/L$ 作为下次迭代的起始参考信号。每次迭代处理中，参考信号都相干融合了所有样本信号，这种利用整体准则的补偿方法可以较好地避免误差累积效应[6, 139]。

（4）若干次迭代直至 $\left\| \boldsymbol{x}_1 + \sum\limits_{n=2}^{L} \boldsymbol{x}_n \exp(\mathrm{j}\phi_n) \right\|^2$ 收敛。

上述迭代步骤中，不同的样本信号与参考信号的矢量夹角 ϕ_n 是未知的，因此首先要推导出 ϕ_n 的解析解。以 ϕ_2 为例，将式(2-9)展开：

$$\begin{aligned} S &= \max \|\boldsymbol{x}_1 + \boldsymbol{x}_2 \exp(\mathrm{j}\phi_2)\|^2 \\ &= \max[\boldsymbol{x}_1^H \boldsymbol{x}_1 + \boldsymbol{x}_2^H \boldsymbol{x}_2 + |\boldsymbol{x}_2^H \boldsymbol{x}_1| \cos(\phi_0 - \phi_2)] \end{aligned} \qquad (2-10)$$

其中，ϕ_0 表示 $\boldsymbol{x}_2^H \boldsymbol{x}_1$ 的相位。当 $\phi_2 = \phi_0$ 时，$\cos(\phi_0 - \phi_2)$ 取到最大值：

$$\phi_2 = \phi_0 = \angle(\boldsymbol{x}_2^H \boldsymbol{x}_1) \tag{2-11}$$

其中，$\angle$ 表示取信号相位。此时 S 取到最大值：

$$S = \boldsymbol{x}_1^H \boldsymbol{x}_1 + \boldsymbol{x}_2^H \boldsymbol{x}_2 + |\boldsymbol{x}_2^H \boldsymbol{x}_1| \tag{2-12}$$

将 ϕ_2 作为初始条件，可以得到 ϕ_n 的一般估计：

$$\begin{cases} \boldsymbol{x}_{e,\,n-1} = \boldsymbol{x}_{n-2} + \boldsymbol{x}_{n-1}\exp(\mathrm{j}\phi_n) \\ \phi_n = \angle(\boldsymbol{x}_n^H \boldsymbol{x}_{e,\,n-1}) \end{cases}, \ n = 3, 4, \cdots, L \tag{2-13}$$

计算出 ϕ_n 后，可以得到初相补偿函数 H_2 为

$$H_2(n) = \exp(-\phi_n), \ n = 2, 3, \cdots, L \tag{2-14}$$

由于每个特显点样本信号信噪比不同，其对相位误差估计精度的贡献也不同，因此，在对随机初相补偿前，可通过对信噪比高的特显点样本信号加高权值，对信噪比低的特显点样本信号加低权值，最终优化随机初相的估计精度，权值[134, 140]的选择满足：

$$\begin{cases} \omega_n = \kappa \dfrac{A_n^2}{\delta_n^2} \\ \kappa = \sum \boldsymbol{x}_n^H \boldsymbol{x}_n \Big/ \sum \dfrac{A_n^2}{\delta_n^2} \boldsymbol{x}_n^H \boldsymbol{x}_n \end{cases} \tag{2-15}$$

其中，δ_n^2 表示第 n 个特显点样本信号的噪声方差。将特显点样本信号加权后，得到式(2-16)的信号形式：

$$\begin{aligned} \boldsymbol{X}' &= [\omega_1 \boldsymbol{x}_1 \quad \cdots \quad \omega_n \boldsymbol{x}_n \quad \cdots \quad \omega_L \boldsymbol{x}_L]_{M \times L} \\ &= [\boldsymbol{x}_1' \quad \cdots \quad \boldsymbol{x}_n' \quad \cdots \quad \boldsymbol{x}_L']_{M \times L} \end{aligned} \tag{2-16}$$

然后对所有加权后的特显点样本信号 $\boldsymbol{X}'$ 重复步骤(1)~(4)，随机初相的矢量方向统一到同一方向，如图 2.1(b)所示，此时 $\boldsymbol{X}'$ 中各分量之间可以认为是相干的。

2.3.3 相位误差的补偿

当完成多普勒线性相位补偿和随机初相补偿后，特显点样本信号相位变为

$$\boldsymbol{\Psi}(m) = \boldsymbol{H}\psi_1 + \boldsymbol{H}\gamma_m \tag{2-17}$$

此时，特显点样本信号的相位中仅包含相位误差 γ_m 和一个常数相位 ψ_1。由于此时所有特显点样本信号具有相同的矢量方向，即所有的特显点样本信号间是相干的，所以对所有的特显点样本信号相干叠加并取相位，得到相位误差 γ_m 的最优估计：

$$\hat{\gamma}_m = \angle \sum_{n=1}^{L} A_n(m)\exp(\mathrm{j}[\gamma_m + \psi_1]) \tag{2-18}$$

估计出的相位误差 $\hat{\gamma}_m$ 中，还包含常数相位 ψ_1。我们的目的是从距离压缩后的信号中补偿掉相位误差 $\hat{\gamma}_m$。由于相位误差中包含常数相位 ψ_1，在对信号进行相位误差补偿的同时，所有的距离单元相位中都减去了常数 ψ_1，而不同距离单元的信号相位中减去相同的常数对于图像的聚焦是没有影响的。

前面讨论的多普勒相位 f_n、随机初相 ϕ_n 和相位误差 γ_m 的估计方法均是假设信号中仅含有需要估计的相位项，不考虑其他相位的影响，实际中三个相位是同时存在的。由于随机初相和相位误差的影响，起始阶段不能精确地将样本单元的多普勒信号平移至图像中心，随机初相和相位误差的估计与补偿也达不到精度要求。针对此问题，可以通过交替迭代处理的方法进行解决：即通过分步迭代交替估计和补偿多普勒相位、随机初相，最终实现相位误差估计的收敛。迭代起始阶段，虽然对多普勒相位的估计并未完全准确，但通常能补偿掉多普勒相位的主要部分，提高了随机初相的估计精度，而随机初相的估计和补偿，可实现更加准确的多普勒相位估计，可支持下一步迭代中更高精度的随机初相估计；当补偿掉随机初相和相位误差后，又可以进一步提高多普勒相位的估计和补偿精度直至收敛。可见，这是一个循环迭代过程，通过多次多普勒和随机初相的交替迭代处理来达到高精度估计处理。实验处理中发现，通常只需两三次迭代，相位估计便可收敛到较理想的估计精度。

2.4　算　法　流　程

本节首先分析不同算法的运算复杂度，其计算方式为统计各算法所需的复数运算，包括复数乘法和复数加法。假设各算法的迭代次数均相同，为了分析方便，这里只计算出一次迭代需要的复数运算，各算法总的运算量为每次迭代所需的计算量乘以迭代次数。特征值分解算法计算协方差矩阵 $\hat{C}$ 需要 LM^2 次复数乘法运算，对协方差矩阵 $\hat{C}$ 的特征值分解需要 $3M^3$ 次复数乘法运算，一次迭代总的运算量为 (LM^2+3M^3)。本文方法计算 ϕ_n 需要 M 次复数运算，计算 $x_{n-1}\exp(j\phi_n)$ 需要 M 次复数运算，一次迭代总的运算量为 $2LM$。

随着 M 的增加，$(LM^2+3M^3)\gg2LM$，定义 $\mathrm{ratio}(M)=2LM/(LM^2+3M^3)$ 为本文方法与特征值分解法运算复杂度的比值。当 $M\gg L$ 时，$\mathrm{ratio}(M)\approx2L/M^2$。图 2.2 给出了不同样本点下 $\mathrm{ratio}(M)$ 随采样点数 M 的变化曲线。由图 2.2 可知，在样本点数一定的情况下，随着方位采样点 M 的增加，$\mathrm{ratio}(M)$ 越接近于零，说明随着 M 的增加，本文方法的运算复杂度远低于特征值分解法，M 越大，本文方法的效率优势越明显。

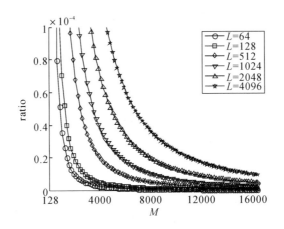

图 2.2　算法运算复杂度分析

综上所述，整个算法的流程如图 2.3 所示。

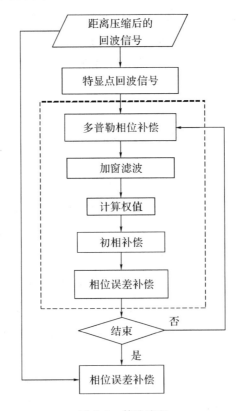

图 2.3　算法流程

步骤 1：　特显点单元选择。由式(2-4)筛选出高信噪比的距离单元，并按归一化幅度方差从大到小排列，构成特显点样本信号。

步骤 2：　多普勒相位补偿。首先对特显点样本信号进行 FFT 操作从数据域变换到图像域，找到最大峰值处距离多普勒中心的偏移量，然后利用 IFFT 变回到数据域，乘以式(2-6)将特显点的一维像循环移位到图像的方位中心位置，消除多普勒相位对相位误差估计的影响。

步骤 3：　加窗滤波。通过预先设定逐步减小的窗长，过滤大部分噪声和杂波能量，提高样本的信杂噪比。

步骤 4：　计算权值。由式(2-15)计算出各特显点回波的权值，对经过多普勒相位补偿后的特显点样本信号加权，提高特显点的信噪比。

步骤 5：　随机初相补偿。利用式(2-14)补偿随机初相对相位误差估计的影响。

步骤 6：　相位误差补偿。利用式(2-18)估计并补偿相位误差。

步骤 7：　重复迭代步骤 2～步骤 6，直到估计达到收敛精度。

步骤 8：　相位误差的补偿。对所有距离压缩后的信号进行步骤 6 的操作。

2.5　实际数据处理与分析

为了验证本章算法的有效性，我们给出了两组实测数据处理结果。运算平台 CPU 为 Core 3.2 GHz 的个人计算机，运算代码使用 MATLAB7.10.0 编写。

2.5.1　ISAR 实验及性能分析

本次实验以雅克-42 飞机的实测数据为例来验证算法的有效性。信号带宽为 400 MHz，载频为 C 波段，距离单元采样点 $N=256$，选取方位 $M=256$ 次回波进行实验。

图 2.4 表示采用本章的相位误差估计方法，每次迭代估计出的相位误差。其中，蓝色实线表示由特显点单元直接估计出的相位误差，将估计出的相位误差补偿后，进行一次迭代，得到图 2.4 中绿色虚线所示的相位误差，再经过一次相位误差补偿，得到图 2.4 中红色点线所示的相位误差。可见，经过三次迭代后，估计出的相位误差趋近于零，说明本章提出的相位误差估计和补偿方法是收敛的。

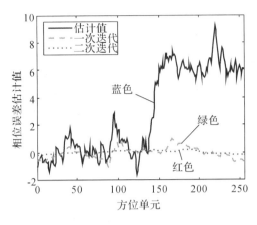

图 2.4　相位误差估计

若直接对信号进行成像，不经过相位误差补偿处理，得到的结果如图 2.5(a)所示，可以看出，此时图像严重散焦，正如第一章绪论分析的，运动补偿特别是相位误差校正对于 ISAR 来说至关重要。

我们分别采用 PGA 方法和本章方法对实验数据进行处理，其结果如图 2.5(b)、(c)所示。为了保证实验的公平性，各算法均采用相同的迭代次数和窗长。采用 PGA 方法的处理结果如图 2.5(b)所示，本章方法最终的成像结果如图 2.5(c)所示。由图 2.5(a)、(b)可知，相比于不采用自聚焦处理的图 2.5(a)，采用 PGA 自聚焦方法后，图像聚焦效果有很大的提高。但是，PGA 方法未能获得理想的聚焦效果，图 2.5(b)中还是有许多散焦单元，采用本章提出的方法后改善了图 2.5(b)中的散焦情况，聚焦精度优于 PGA 方法。

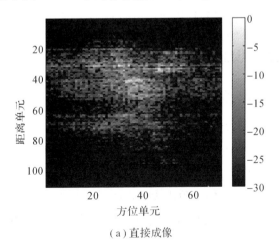

（a）直接成像

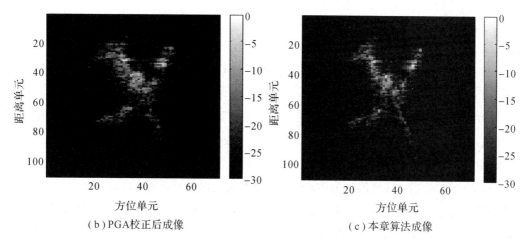

（b）PGA校正后成像　　　　　　（c）本章算法成像

图 2.5　成像结果分析

采用图像的熵定量分析两种方法的聚焦效果。图像熵定义为

$$P = -\sum |A_k| \, \mathrm{lb}\, |A_k| \qquad (2-19)$$

其中，A_k 表示图像中各像素的幅度。通过计算得到图 2.5（b）的熵为 6.38，图 2.5（c）的熵为 6.04，说明本章方法聚焦效果要优于 PGA 方法。

图 2.6 所示为图像中某一特显点单元的一维方位剖面图。这里选取了第 33 距离单元的包络进行比较，如图 2.6（a）所示。图 2.6（b）是图 2.6（a）中标注部分的局部放大图。其中，红色虚线表示 PGA 算法，蓝色实线表示本章方法。可以明显看出相比于 PGA 方法，本章方法聚焦处理后信号的最窄幅度最高。

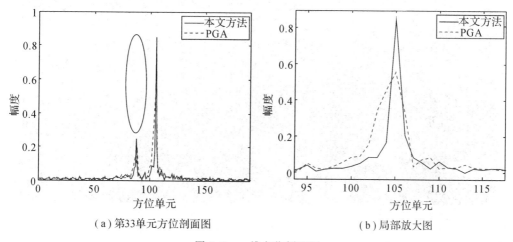

（a）第33单元方位剖面图　　　　　　（b）局部放大图

图 2.6　一维方位剖面图

2.5.2 SAR 实验及性能分析

本次实验数据来自 Sandia 实验室的无人机 SAR 系统。这里选取了一组装甲目标群的观测场景，数据大小为 2510×3274。

实验中，首先将 SAR 复图像数据通过方位逆傅里叶变换到距离压缩和方位数据域，然后用特征向量分解法和本章方法对加入相位误差的数据进行相位误差补偿处理来分析本章算法的性能。这里仍利用式(2-19)定义的图像熵作为聚焦效果的量化评价指标。图 2.7(a)给出了原始图像数据，其熵值约为 13.4171，加入相位误差后，散焦图像如图 2.7(b)所示，图像熵值约为 13.9760。首先使用特征向量分解法进行自聚焦，结果如图 2.7(c)所示，熵值约为 13.4172。利用本章方法进行自聚焦操作，结果如 2.7(d)所示，图像熵值约为 13.4175，可见本章方法与特征向量分解法聚焦精度是相当的。

(a)原始图像(熵：13.4171)

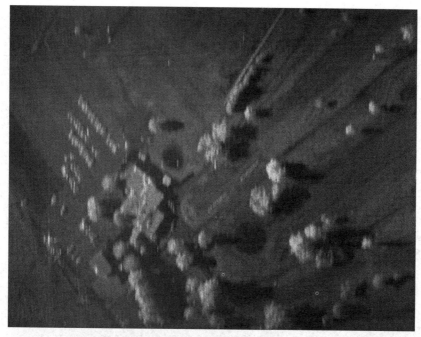

（b）加入误差后的图像(熵：13.9760)

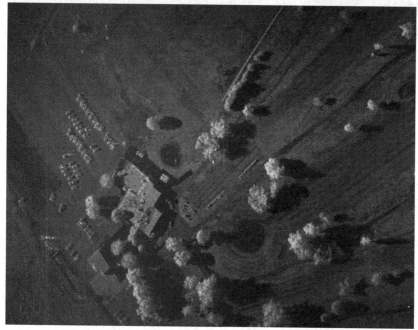

（c）特征向量分解法(熵：13.4172)

(d) 本章方法(熵: 13.4175)

图 2.7   Sandia 实验室无人机 SAR 图像

将图 2.7(a) 中所标注的部分放大后，得到图 2.8(a)。画出其中特显点的一维方位向剖面图，如图 2.8(b) 所示。其中，蓝色实线表示原始数据，桃色虚线表示散焦数据，绿色点划线表示特征向量分解法处理的结果，红色点线表示本章方法处理的结果，可见，特征向量分解法和本章方法处理结果基本接近原始数据，都可以达到理想的聚焦效果。

本次实验各算法均采用相同的迭代次数和窗长，特征向量分解法和本章方法使用了相同的特显点回波单元数，并且在多普勒相位补偿中，采用相同的逐步减小的窗长，初始窗长为 128，后续每次迭代过程缩短 30％。相同的样本和迭代条件下，由于场景中含有较强的孤立散射中心，只需要选取较少的样本点，就可以达到较好的聚焦效果，因此本章方法仅为 10.93 秒，但特征向量分解法需要对每个样本信号(大小为 1×2510)进行协方差矩阵(大小变为 2510×2510)运算，再将所有样本信号的协方差矩阵相加后进行特征分解，大维度的协方差矩阵求解和特征值分解耗时巨大，一次迭代运算时间为 665.17 秒。本章方法与特征向量分解法相比，大大降低了运算量及对内存的要求。

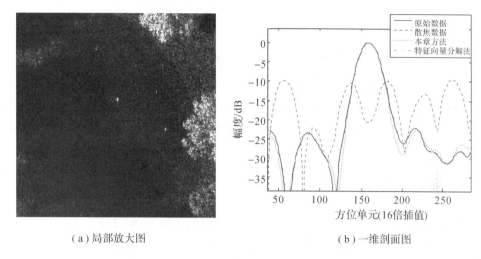

（a）局部放大图　　　　　　　　　　　（b）一维剖面图

图 2.8　聚焦精度分析

　　为了说明本章方法对场景的适应性，图 2.9 给出了不同场景（旷野和城区）下各算法的最终处理结果。郊区旷野场景成像中孤立散射中心很少，相位误差补偿中样本选择是较为困难的，而城区场景中具有分布较广的建筑的强散射，对相位误差补偿而言，强建筑散射并不是理想的孤立散射，其具有较宽的聚焦响应特性，也将对自聚焦形成较强的挑战。图 2.9 表明，对于不同的场景，本章方法具有较好的稳健性。

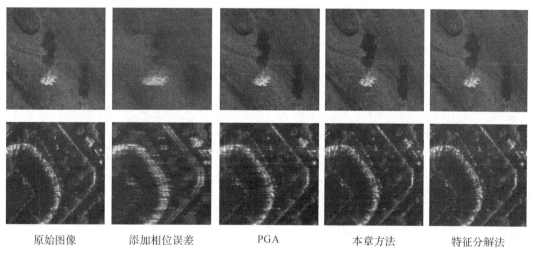

原始图像　　　　添加相位误差　　　　PGA　　　　本章方法　　　　特征分解法

图 2.9　不同场景处理结果

2.6 本章小结

本章算法的研究目标是在保证相位误差估计精度的前提下，解决特征向量分解相位误差补偿算法运算量大的缺点，获得一种高效、高精度的相位误差补偿算法。在本章的相位误差补偿算法中，对多普勒相位的补偿采用的是方位像的圆位移，将特显点单元中的最大幅度平移到频谱的中心，前面介绍过，特显点变换到频域，其最大幅值对应的就是特显点的方位图像，而多普勒相位的补偿，其实是多普勒一次相位的补偿，这里有个假设条件，目标相对雷达视线转角较小，可以不考虑多普勒二次相位的影响。接着介绍了对随机初相的估计方法，我们提出了构建 2 范数最大化的目标函数，通过对目标函数的最优化求解，不需要对数据的协方差矩阵进行特征值分解来估计随机初相，大大降低了运算量，从后面的实验也可以看出，其估计的精度能够满足成像要求；同时，利用信噪比加权的思想，对不同距离单元按信噪比赋予不同权值，提高了强特显点样本信号对相位误差估计的贡献，最终优化相位误差估计精度。整个过程是个反复迭代的过程，每次迭代处理后，估计的相位误差都在减小，最终趋于零，整个算法具有较好的收敛性。最后，SAR 和 ISAR 实测数据处理结果证明，本章提出的方法具有比 PGA 方法更好的聚焦效果，在与特征向量分解算法精度相当的情况下，运算复杂度远低于特征向量分解算法。

第三章　方位空变的相位误差补偿方法

3.1　引　　言

相位误差补偿技术对于合成孔径雷达成像来说非常重要，这主要是因为即使雷达平台安装有高精度的惯性导航系统来提供精确的运动参数，高分辨的 SAR 图像仍然会受到未知的剩余相位误差的影响，而未知的相位误差只能靠基于数据的相位误差补偿方法来进行校正。现在有很多相位误差补偿方法来对 SAR 图像中的剩余相位误差进行补偿，经典的算法包括以最小熵为准则的相位误差补偿方法、相位梯度自聚焦方法，以及以最大对比度为准则的相位误差补偿方法。这些方法都能够兼顾补偿精度与运算效率，尽管如此，这些方法还是存在一些缺陷，主要包括以下两个方面：

（1）误差模型比较简单。现有的相位误差补偿方法，信号模型都假设相位误差是随慢时间变化的函数，并没有考虑相位误差的空变性，也就是不同的合成孔径位置处其相位误差是不同的。非空变的相位误差实际上是一种非精确的信号模型，对于低分辨的雷达，相位误差的空变分量对于图像的聚焦性影响不大。当雷达的分辨率较高、波束较宽或者雷达工作在大斜视时，相位误差的空变性是必须要考虑的。尽管现在有一些随距离空变的相位误差补偿方法，但是相对于距离维的空变性，方位空变的相位误差补偿难度更大，因为距离向发射的是已知的信号，而方位向不同脉冲之间的相干性本身就很难满足，再加上空变的相位误差无疑是雪上加霜。相位误差的方位空变性对现有的运动补偿技术是个极大的挑战。

（2）子图大小与补偿精度之间的博弈。为了能够利用现有的相位误差补偿方法对空变的相位误差进行补偿，在实测数据处理中可以采用一些技巧。子孔径分割是比较常用的方法，它首先将整个合成孔径分割成若干个子孔径，这样对于每个分割后的子孔径，认为其包含的相位误差是方位非空变的，这样就可以对每个子孔径数据采用现有的方法进行补偿，最后将补偿后的子孔径数据进行图像拼接获得全孔径图像。采用这种方法，子孔径大小的划分是关键。对全孔径进行分割后，必须保证各子孔径足够小，这样子孔径中的相位误差才可以认为是非空变的。但是，较小的子孔径必然会降低相位误差的估计精度，现有的非空变相位误差补偿方法对于过小的子孔径数据也无法获得理想的聚焦效果。若子孔径分割的较大，其中的相位误差仍然含有方位空变分量，因此采用子孔径分割方法校正方位空变的相位误差，子孔径大小对于图像精度的影响很大。子孔径分割方法还存在另一个问题：图像拼接处出现拼痕。图像分割后，由于各子孔径对相位误差的补偿精度不同，有的子孔径相位误差补偿精度高，有的相位误差补偿精度低，这样导致最终的图像拼接不可避免地出现拼痕，拼痕的出现大大降低了图像的质量。

综上所述，传统的相位误差补偿方法由于建立的信号模型较简单，忽略了方位空变对聚焦性能的影响。尽管通过采用一些数据处理技巧可以弥补传统方法的诸多缺陷，找到聚焦精度与子孔径分割的最优选择，但还是很难获得理想的聚焦效果。

本章介绍了一种新的方位空变相位误差补偿方法。首先，以大斜视工作模式为背景，建立了考虑方位空变的、较为精确的相位误差模型，详细推导出聚焦图像与模糊图像之间的映射关系式。然后将图像对比度最大作为代价函数，通过对代价函数的优化求解，估计出相位误差模型中的未知参数，然后利用聚焦图像与模糊图像的解析关系式进行空变相位误差补偿。为了能够提高估计精度，这里采用了循环迭代处理的思想，经过多次迭代处理后，图像的对比度趋于常数，算法具有较稳定的收敛性。本章的相位误差补偿方法不需要进行子孔径数据的划分，通过对代价函数的优化求解可以使得图像达到最大的对比度，进而得到聚焦度最优的图像。同时，由于不需要进行子孔径的划分，也避免了子孔径拼接产生的拼痕。最后利用不同的实测数据证明了本章算法的有效性。

3.2 信 号 模 型

3.2.1 相位误差模型

大斜视 SAR 空间几何模型如图 3.1 所示。

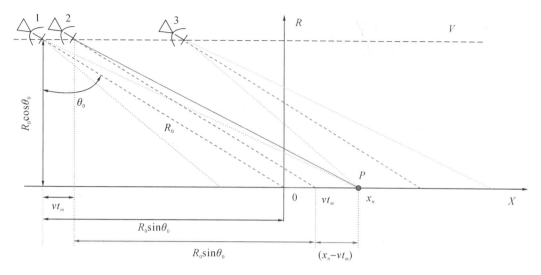

图 3.1 空变与非空变的相位误差的比较

理想情况下，雷达沿着图中与 X 轴平行的虚线方向运动，在一个合成孔径内接收目标的回波信号。图中假设 P 为一理想点目标，当雷达在位置 1 时，波束前沿刚好照射到散射点 P，当雷达运动到位置 3 时，波束后沿刚好照射到散射点 P，因此合成孔径长度为位置 1 到位置 3 的距离。假设雷达运动到位置 2 处，此时散射点 P 刚好在雷达波束照射范围内，那么，对应的雷达到散射点 P 的瞬时斜距可以表示为

$$
\begin{aligned}
R(t_m) &= \sqrt{(R_0\cos\theta_0)^2 + (R_0\sin\theta_0 + (x_n - vt_m))^2} \\
&= \sqrt{R_0^2 + 2(R_0\sin\theta_0)(x_n - vt_m) + (x_n - vt_m)^2}
\end{aligned}
\tag{3-1}
$$

其中，v 表示雷达相对地的速度，t_m 表示方位慢时间，R_0 表示雷达位置到坐标原点的距离，x_n 表示散射点 P 的横坐标。

假设雷达发射的是线性调频信号，其信号形式如下：

$$
s_t(t_r) = w_r(t_r)\exp(\mathrm{j}2\pi f_c t_r)\exp(\mathrm{j}\pi\gamma t_r^2)
\tag{3-2}
$$

其中，f_c 表示信号的载频，γ 是线性调频信号的调频率。那么接收的回波信号经过解调后可表示为

$$
s(t_r, t_m) = w_r\left(t_r - \frac{2R(t_m)}{c}\right)w_a(t_m - t_n)\exp\left[\mathrm{j}\pi\gamma\left(t_r - \frac{2R(t_m)}{c}\right)^2\right]\exp\left[-\mathrm{j}\frac{4\pi}{\lambda}R(t_m)\right]
\tag{3-3}
$$

其中，$R(t_m)$ 是目标到雷达的瞬时斜距。

通过对距离向进行快速傅里叶变换处理，可以将信号由时域变换到距离频域：

$$s(f_r, t_m) = w_r(f_r) w_a(t_m - t_n) \exp\left[-\mathrm{j}\pi \frac{f_r^2}{\gamma}\right] \exp\left[-\mathrm{j}\frac{4\pi}{c}(f_r + f_c) R(t_m)\right]$$

$$(3-4)$$

式(3-4)中，最后的相位项中包含有距离走动和多普勒信息，利用下式可进行补偿：

$$\begin{cases} H_1(f_r, t_m) = \exp\left[\mathrm{j}\frac{4\pi}{c}(f_r + f_c)\Delta R\right] \\ \Delta R = -v\sin\theta_0 \cdot t_m \end{cases}$$

$$(3-5)$$

补偿掉距离走动后，式(3-4)更新为

$$s(t_r, t_m) = w_r(f_r) w_a(t_m - t_n) \exp\left[-\mathrm{j}\frac{4\pi}{c}(f_r + f_c)(R(t_m) + v\sin\theta_0 \cdot t_m)\right] \quad (3-6)$$

接着，对信号方位向进行快速傅里叶变换，可以得到信号的二维频域表达式：

$$S(f_r, f_a) = w_r(f_r) w_a(f_a) \cdot$$

$$\exp\left[-\mathrm{j}\left(\frac{2\pi}{v}\right)(R_0 \sin\theta_0 + x_n)\left(f_a + f_{dc} + \frac{2v\sin\theta_0}{c}f_r\right)\right] \cdot \quad (3-7)$$

$$\exp\left[-\mathrm{j}4\pi R_0 \cos\theta_0 \cdot \varphi(f_r, f_a)\right]$$

其中，

$$\varphi(f_r, f_a) = \sqrt{\left(\frac{f_r + f_c}{c}\right)^2 - \left(\frac{f_a + f_{dc}}{2v} + \frac{\sin\theta_0}{c}f_r\right)^2} \approx Af_r + Bf_r^2 + \cdots \quad (3-8)$$

式(3-8)可利用泰勒公式在 $f_r = 0$ 处展开。展开式中第一项包含有剩余距离走动项，第二项包含距离方位耦合项，也称作距离弯曲。通常我们利用二次距离脉冲对该项进行补偿，当斜视角较大时，距离弯曲越严重。产生此现象的根本原因在于大斜视下距离向与方位向录取的数据不再满足正交性。距离弯曲会使得在方位维度上，仅仅利用快速傅里叶变化无法对相邻脉冲之间进行有效的相干积累。

当补偿掉一次项后，利用一维逆傅里叶变换，信号在多普勒域中的表达式为

$$S(t_r, f_a) = \mathrm{sinc}\left(B_r\left(t_r - \frac{2(R_0 + x_n\sin\theta_0)}{c}\right)\right) w_a(f_a) \cdot$$

$$\exp\left[-\mathrm{j}\left(\frac{2\pi}{v}\right)(R_0 \sin\theta_0 + x_n)(f_a + f_{dc})\right] \cdot$$

$$\exp\left[-\mathrm{j}4\pi R_0 \cos\theta_0 \sqrt{\left(\frac{f_c}{c}\right)^2 - \left(\frac{f_a + f_{dc}}{2v}\right)^2}\right] \quad (3-9)$$

值得注意的是，通过上述补偿方法，散射点真实的位置发生了变化，从 R_0 变为 $R_0 + x_n \sin\theta_0$，它是 x_n 的函数。补偿前在同一距离单元的散射点，补偿后分布在不同的距离单元，这与 SAR 成像原理中要求的方位时不变特性相违背，这也就是为什么大斜视情况下会引入方位空变相位误差的原因。

相位的处理过程通常利用自聚焦方法实现。式(3-9)中的相位项隐含了非常多重要的目标信息，需要进一步分析。为了后续分析方便，这里首先进行变量替换：

$$R_0' = R_0 + x_n \sin\theta_0 \tag{3-10}$$

进行变量替换的另一个原因在于想要找到同一个距离单元中相位误差的变化规律，这是由于对相位误差进行补偿时，通常总是补偿完一个距离单元，接着补偿下一个距离单元。因此，式(3-9)可以在 $f_a = 0$ 处进行泰勒展开：

$$S(t_r, f_a) = \mathrm{sinc}\left(B_r\left(t_r - \frac{2(R_0 + x_n\sin\theta_0)}{c}\right)\right)w_a(f_a) \cdot$$
$$\exp\left[j\phi_0 + j\phi_1 f_a + j\phi_2 f_a^2 + j\phi_3 f_a^3 + \cdots\right] \tag{3-11}$$

其中，

$$\begin{cases} \phi_0 = -\dfrac{4\pi(R_0 + x_n\sin\theta_0)}{\lambda} \\[2mm] \phi_1 = -\dfrac{2\pi x_n}{v} \\[2mm] \phi_2 = \dfrac{\pi\lambda R_0}{v} \\[2mm] \phi_3 = \dfrac{\pi(R_0)\lambda^2\sin\theta_0}{4v^3\cos^4\theta_0} \end{cases} \tag{3-12}$$

SAR 成像的理论基础是方位时移不变性，它要求同一距离单元中的散射点的回波相位应该相同。然而，从式(3-11)和式(3-12)可以看出，经过距离走动补偿后，散射点的位置发生了变化，也就是说，方位的相位误差具有空变性。

利用传统的成像方法和自聚焦方法仅仅能够补偿掉二次脉冲压缩项：

$$H_2 = \exp\left[-j\frac{\pi\lambda^2\sin\theta_0}{4v^3\cos^4\theta_0}R_0'f_a^3\right] \tag{3-13}$$

利用式(3-13)二次脉压后，式(3-11)在时域表示为

$$S(t_r, t_m) = \mathrm{sinc}\left(B_r\left(t_r - \frac{2R_0'}{c}\right)\right)w_a(t_m)\exp\left[-j\pi\frac{4R_0'}{\lambda} + j\phi_{\mathrm{asv}}\right] \tag{3-14}$$

其中，

$$\phi_{\text{asv}} = \pi K_1 \left(t_m - \frac{x_n}{v} \right)^2 + j\pi K_2 \left(t_m - \frac{x_n}{v} \right)^3$$

$$K_1 = \frac{2v^2 \cos^2 \theta_0}{\lambda (R_0' - x_n \sin\theta_0)} \approx k_a + k_b \cdot x_n + k_c \cdot x_n^2 \tag{3-15}$$

从式(3-15)可知，ϕ_{asv} 为空变相位误差在时域的表达式。其系数 K_1 是散射点位置 x_n 的函数，可以表示为

$$K_1 \approx K_1(0) + K_1'(0) \cdot x_n + \frac{K_1''(0)}{2} \cdot x_n^2 + \frac{K_1'''(0)}{6} \cdot x_n^2 \cdots$$

$$= a + b \cdot x_n + c \cdot x_n^2 + d \cdot x_n^3 + \cdots \tag{3-16}$$

其中，参数集 (a, b, c, d) 可在 $x_n = 0$ 处进行泰勒展开：

$$\begin{cases} a = \dfrac{2v^2 \cos^2 \theta_0}{\lambda R_0'}, \\[2mm] b = \dfrac{2v^2 \cos^2 \theta_0 \sin\theta_0}{\lambda (R_0')^2} \\[2mm] c = \dfrac{2v^2 \cos^2 \theta_0 \sin^2 \theta_0}{\lambda (R_0')^3}, \\[2mm] d = \dfrac{2v^2 \cos^2 \theta_0 \sin^3 \theta_0}{\lambda (R_0')^4} \end{cases} \tag{3-17}$$

这种新的相位误差信号模型比传统模型更加精确。在该模型中，当 (b, c, d) 都等于 0 时，退化成传统模型。为了便于更加直观地理解，这里给出了不同近似条件下的相位误差，如图 3.2 所示。

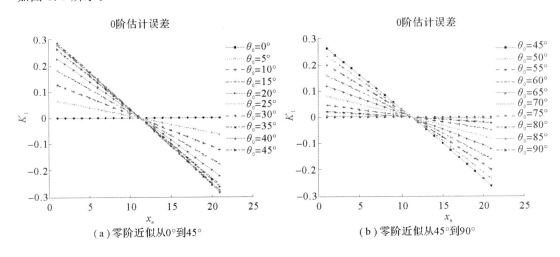

（a）零阶近似从0°到45°　　　　　　　　（b）零阶近似从45°到90°

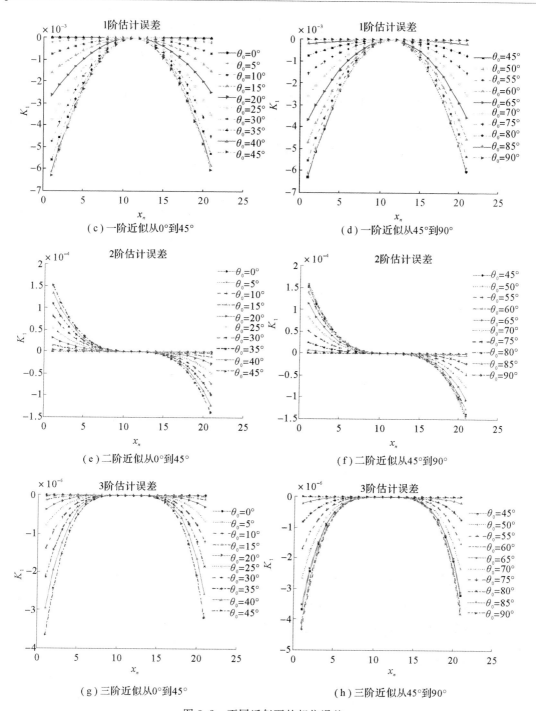

图 3.2　不同近似下的相位误差

从图 3.2 可以看出,采用高阶近似,相位误差越小,而传统方法的相位误差模型是零阶近似。从图中还可以看出,当斜视角超过 45°的时候,相位误差会随着斜视角的增大而减小。为了解释这个现象,这里给出了不同斜视角下参数集(a,b,c,d)的变化规律,如图 3.3 所示。参数 a 是$\cos^2\theta_0$ 的函数,它的变化规律如图 3.3(a)所示。从图中可以发现,参数 a 是一个单调的函数。然而,参数(b,c,d)是个多值函数,如图 3.3(b)、(c)和(d)所示。由于参数(b,c,d)中都包含有 $2\cos\theta_0\sin\theta_0$ 分量,而该分量可以写成 $\sin 2\theta_0$,即最大值出现在斜视角 45°附近。

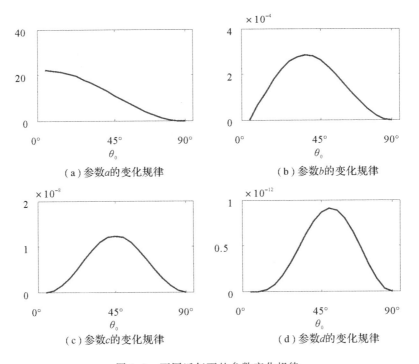

(a) 参数a的变化规律　　　　　　(b) 参数b的变化规律

(c) 参数c的变化规律　　　　　　(d) 参数d的变化规律

图 3.3　不同近似下的参数变化规律

我们还发现,高阶参数的值要比低阶参数的值小很多。在上面的例子中,参数 a 大概比参数 c 和参数 d 高出 9～13 个数量级。也就是说,高阶参数对相位误差的影响较小。在满足一定精度的条件下,高阶参数可以忽略。因此,为了降低后续的参数估计维度,提出以下相位误差模型:

$$\phi_{\mathrm{asv}} \approx (a + b \cdot x_n)\left(t_m - \frac{x_n}{v}\right)^2 \qquad (3-18)$$

上述相位误差模型在大多数情况下都有较好的适应性。一方面由于高阶相位误差一般可以忽略，另一方面参数维度的降低也有利于提高算法的运算效率，同时相比于传统的相位误差模型，又有较高的精度。

为了能够精确估计空变的相位误差，首先需要建立一个普适的信号模型。空变的相位误差与非空变的相位误差存在明显的不同，它不仅是方位慢时间的函数，还与合成孔径的位置有关。这里从聚焦的图像域出发，推导出因方位空变相位引起的模糊图像与聚焦图像之间的解析关系式。在理想情况下，聚焦的 SAR 图像 $f_i(n)$ 与其对应的数据域 $u_i(k)$ 存在下面的关系：

$$f_i(m) = \sum_{k=0}^{N-1} S_i(k) e^{j2\pi mk/N} \qquad (3-19)$$

其中，i 表示距离单元数，$i=[1, 2, \cdots, M]$，m 表示聚焦图像的方位位置，k 表示合成孔径位置，M 表示方位单元总数，N 表示距离单元总数。

根据前面分析可知，在高分辨情况下，即使经过运动补偿处理，$f_i(n)$ 中仍然存在剩余相位误差。假设 $\widetilde{S}_i(k)$ 表示含有剩余相位误差的数据，那么 $S_i(k)$ 可以表示为

$$S_i(k) = \widetilde{S}_i(k) e^{j\phi_i(k, m)} \qquad (3-20)$$

其中，$S_i(k)$ 表示不含空变相位误差的数据，$\phi_i(k, m)$ 表示需要补偿的空变相位误差。$\phi_i(k, m)$ 是 k 的函数，且不同的 m 其取值不同。式(3-18)的信号模型有一定的假设前提条件，这里假设方位空变的相位误差是不随距离变化的，也就是说，对于所有的距离单元，其相位误差相等。这个假设通常情况下是成立的，因为存在很多校正随距离变化的相位误差的方法，可以利用这些方法首先消除随距离变化的相位误差，然后再采用本章的方法完成方位空变的相位误差补偿。

一般情况下，$\phi_i(k, m)$ 可以用一个二项式表示：

$$\phi_i(k, m) = (a+bm)(k-k_0)^2 \qquad (3-21)$$

其中，k_0 是已知的，表示合成孔径的中心位置。这个二项式模型已经被证明是有效的近似模型，它考虑了包括雷达平台速度和加速度等对相位误差的影响。更重要的是，它的形式虽然简单，但能够精确地描述相位误差，这样，不仅易于估计模型参数，还能保证估计精度。

3.2.2　信号脉冲响应函数

由于相位误差的存在使得图像变得模糊，假设模糊图像表示为 $y_i(m)$，其满足下式：

$$y_i(m) = \sum_{k=0}^{N-1} \widetilde{S}_i(k) e^{j2\pi mk/N} \qquad (3-22)$$

将式(3-20)代入式(3-22)后，模糊图像与聚焦图像满足下式：

$$f_i(n) = \sum_{m=0}^{N-1} y_i(m) h_i(n; m) \tag{3-23}$$

其中，n 表示聚焦图像的方位向位置。$h_i(n; m)$ 表示图像域中的信号脉冲响应函数，可以表示为

$$h_i(n; m) = \frac{1}{N} \sum_{k=0}^{N-1} e^{[\phi_i(k, m) - 2\pi(m-n)k/N]} \tag{3-24}$$

实际上，式(3-21)中的参数 a 产生方位非空变的相位误差，参数 b 是导致相位误差函数方位空变的主因。空变的相位误差通常是很难补偿的。图 3.4 所示为空变相位误差与非空变相位误差间的比较。图 3.4(b)和(d)分别表示当 $b=0$ 和 $b \neq 0$ 时的脉冲响应函数。从图中可以看出，当 $b \neq 0$ 时，即当相位误差存在方位空变分量时，脉冲响应函数随着合成孔径位置的变化而变化。

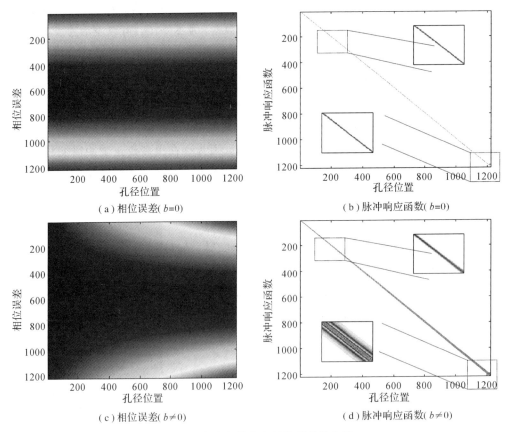

（a）相位误差（$b=0$）　　　　　　　（b）脉冲响应函数（$b=0$）

（c）相位误差（$b \neq 0$）　　　　　　（d）脉冲响应函数（$b \neq 0$）

图 3.4　空变与非空变相位误差的比较

需要说明的是，即使式(3-21)中的参数精确已知，对空变相位误差的补偿也比较困难。但是，式(3-23)推导出了模糊图像与聚焦图像的精确解析关系式，如果 $\phi_i(k,m)$ 的参数精确已知，那么可以精确地重构出空变的相位误差，然后在图像域通过式(3-23)完成对空变相位误差的补偿，这是个反卷积的过程。此时，对于空变相位误差的补偿就转化为对参数 a 和 b 的最优化估计。

3.3　相位误差的参数估计

3.3.1　代价函数的建立

本节将介绍如何精确估计空变相位误差参数中的 a 和 b。实际上，对空变相位误差 $\phi_i(k,m)$ 的估计可以认为是一个非约束的最优化问题，其中 a 和 b 是代价函数中的变量。这里将图像的对比度作为代价函数，图像的对比度通常用于衡量图像的聚焦效果，对比度越大，图像的聚焦性能越好。式(3-23)描述的是模糊图像与聚焦图像的解析关系，由于我们在图像域对方位空变相位误差进行补偿，因此，这里将图像最大化作为代价函数是合适的，由它估计出的参数可以使得图像的对比度最大化。通过使得代价函数最大化来获得最优的参数集，有

$$\langle \hat{a} \quad \hat{b} \rangle = \arg\max_{a,b}\{C\} \tag{3-25}$$

其中，C 表示图像的对比度，其定义为

$$C = \frac{1}{M}\sum_{i=0}^{M-1}\frac{\sigma_i}{\mu_i}s \tag{3-26}$$

其中，

$$\mu_i = \frac{1}{N}\sum_{n=0}^{N-1}|f_i(n)| \tag{3-27}$$

$$\sigma_i = \sqrt{\frac{1}{N}\sum_{n=0}^{N-1}(|f_i(n)|-\mu_i)^2} \tag{3-28}$$

3.3.2　代价函数的优化求解

对于式(3-25)的最优化问题，有很多求解方法，例如梯度法、黄金选择法等。其中最有效的方法是循环梯度法。首先，我们以 a 作为未知量，推导出其代价函数的梯度如下：

$$\frac{\mathrm{d}C}{\mathrm{d}a} = \frac{1}{M}\sum_{i=0}^{M-1}\left(\frac{1}{\mu_i}\frac{\mathrm{d}\sigma_i}{\mathrm{d}a} - \frac{\sigma_i}{\mu_i^2}\frac{\mathrm{d}\mu_i}{\mathrm{d}a}\right) \tag{3-29}$$

其中，$\dfrac{\mathrm{d}\sigma_i}{\mathrm{d}a}$ 和 $\dfrac{\mathrm{d}\mu_i}{\mathrm{d}a}$ 可以通过下式获得：

$$\frac{\mathrm{d}\sigma_i}{\mathrm{d}a} = \frac{1}{\sigma_i}\cdot\frac{1}{N}\sum_{n=0}^{N-1}\left((|f_i(n)|-\mu_i)\left(\frac{\mathrm{d}|f_i(n)|}{\mathrm{d}a}-\frac{\mathrm{d}\mu_i}{\mathrm{d}a}\right)\right) \tag{3-30}$$

$$\frac{\mathrm{d}\mu_i}{\mathrm{d}a} = \frac{1}{N}\sum_{n=0}^{N-1}\frac{\mathrm{d}|f_i(n)|}{\mathrm{d}a} \tag{3-31}$$

注意，式(3-30)和式(3-31)包含了未知参量 $\dfrac{\mathrm{d}|f_i(n)|}{\mathrm{d}a}$，而 $\dfrac{\mathrm{d}|f_i(n)|}{\mathrm{d}a}$ 可以表示为

$$\frac{\mathrm{d}|f_i(n)|}{\mathrm{d}a} = \frac{\mathrm{d}}{\mathrm{d}a}\left[f_i(n)f_i^*(n)\right]^{\frac{1}{2}}$$

$$= -\frac{1}{|f_i(n)|}\mathrm{Im}\left(f_i(n)\frac{\mathrm{d}f_i^*(n)}{\mathrm{d}a}\right) \tag{3-32}$$

将式(3-32)代入式(3-30)和式(3-31)，可以得到

$$\frac{\mathrm{d}\sigma_i}{\mathrm{d}a} = \frac{\mu_i}{N\sigma_i}\cdot\sum_{n=0}^{N-1}\frac{\mathrm{Im}\left[f_i(n)\dfrac{\mathrm{d}f_i^*(n)}{\mathrm{d}a}\right]}{|f_i(n)|} \tag{3-33}$$

$$\frac{\mathrm{d}\mu_i}{\mathrm{d}a} = -\frac{1}{N}\sum_{n=0}^{N-1}\frac{1}{|f_i(n)|}\mathrm{Im}\left[f_i(n)\frac{\mathrm{d}f_i^*(n)}{\mathrm{d}a}\right] \tag{3-34}$$

进而可得：

$$\frac{\mathrm{d}C}{\mathrm{d}a} = \frac{1}{M}\frac{1}{N}\sum_{i=0}^{M-1}\left(\frac{1}{\sigma_i}+\frac{\sigma_i}{\mu_i^2}\right)\mathrm{Im}\left[\sum_{k=0}^{N-1}(k-k_0)^2\tilde{u}_i^*(k)\sum_{n=0}^{N-1}\frac{f_i(n)}{|f_i(n)|}\mathrm{e}^{-\mathrm{j}2\pi nk/N}\right] \tag{3-35}$$

与 $\dfrac{\mathrm{d}C}{\mathrm{d}a}$ 的推导过程类似，同样可得 $\dfrac{\mathrm{d}C}{\mathrm{d}b}$：

$$\frac{\mathrm{d}C}{\mathrm{d}b} = \frac{1}{M}\frac{1}{N}\sum_{i=0}^{M-1}\left(\frac{1}{\sigma_i}+\frac{\sigma_i}{\mu_i^2}\right)\mathrm{Im}\left[\sum_{k=0}^{N-1}(k-k_0)^2\tilde{u}_i^*(k)\sum_{n=0}^{N-1}n\frac{f_i(n)}{|f_i(n)|}\mathrm{e}^{-\mathrm{j}2\pi nk/N}\right] \tag{3-36}$$

这里对 a 和 b 的最优求解，实际上是一个不断搜索的过程，这个过程不是漫无目的的，而是有一定的规律的。求解出的梯度 $\dfrac{\mathrm{d}C}{\mathrm{d}a}$ 和 $\dfrac{\mathrm{d}C}{\mathrm{d}b}$，可以认为是在寻找最优的搜索方向。设置合适的步长，再沿 $\dfrac{\mathrm{d}C}{\mathrm{d}a}$ 和 $\dfrac{\mathrm{d}C}{\mathrm{d}b}$ 的方向搜索，即可找到对比度最大值对应的 a 和 b，然后对模糊的图像进行补偿，进而得到补偿后的图像。但是，此时求解出的 a 和 b 并不是最优解，同第二章介绍的方法一样，最优解同样需要通过循环来实现。每次循环都在梯度最大值对应的方

向上寻找最大对比度对应的解，同时每次循环都在改变搜索的方向。

在每次循环中，都需要沿着搜索方向计算代价函数及其梯度：

$$A = d \times \frac{\mathrm{d}C}{\mathrm{d}a} \tag{3-37}$$

其中，

$$d = \begin{bmatrix} -N & -(N-1) & \cdots & N \end{bmatrix}/N \tag{3-38}$$

但是，由于有两个未知的参数需要估计，仅利用上述的方法容易陷入局部最大值的困境。这里我们采用交替迭代的技巧，即估计一个参数的同时，设定另一个参数为常数，这样可以避免局部最优而达到全局最优。将 A 中所有元素代入式(3-26)并且将 $b=0$，最优的 $\hat{a}$ 可以表示为

$$\hat{a} = \max[C(A, 0)] \tag{3-39}$$

估计出 $\hat{a}$ 后，将其代入式(3-21)并利用式(3-20)补偿掉相位误差中的非空变分量。利用补偿后的数据(仅相位误差中的非空变分量被补偿掉)计算 $\frac{\mathrm{d}C}{\mathrm{d}b}$。同样地，最优的 $\hat{b}$ 可以表示为

$$\hat{b} = \max[C(0, B)] \tag{3-40}$$

然后利用式(3-20)补偿掉相位误差的空变分量。这里需要对交替迭代作一些说明。对于含有两个待估参数的情况，首先估计出 $\hat{a}$，然后补偿掉参数 $\hat{a}$ 对应的相位误差，再对补偿后的数据计算 $\hat{b}$ 的梯度并计算 $\hat{b}$ 的可能取值，找到 $\hat{b}$ 后，对 $\hat{b}$ 对应的相位误差进行补偿。在这里，我们先估计参数 $\hat{a}$，然后再估计参数 $\hat{b}$，由于一般情况下，信号中 $\hat{b}$ 对应的空变相位误差比非空变相位误差要小很多，因此这里首先对参数 $\hat{a}$ 进行估计，可以最大限度地降低非空变相位误差对空变相位误差的影响。

3.3.3　算法流程

为了能够描述清楚本章的算法，图 3.5 给出了算法的流程图。模糊的图像首先通过傅里叶变换变换到数据域，然后利用本章的算法对相位误差中的非空变分量进行补偿，然后对补偿后的数据再补偿相位误差中的空变分量，最后通过逆傅里叶变换变换到图像域。为了提高相位误差的估计精度，这里可以通过多次循环处理来达到补偿精度的要求，并且从后面的实测数据实验结果也可看出，经过少许的循环处理后，图像的对比度近似为一常数。

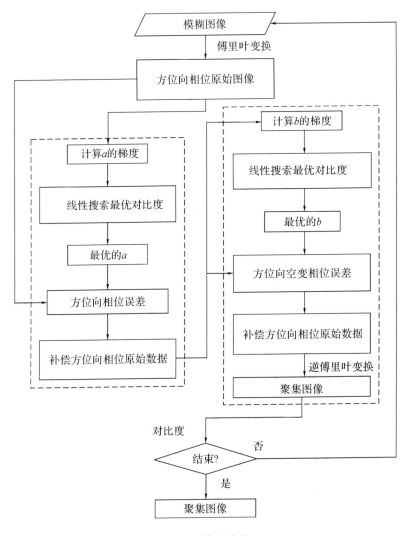

图 3.5 算法流程

下面对算法的运算复杂度进行分析。注意到 $\dfrac{\mathrm{d}C}{\mathrm{d}a}$ 和 $\dfrac{\mathrm{d}C}{\mathrm{d}b}$ 仅需要进行一次傅里叶变换，因而在每次循环中，对于每个距离单元，其梯度的计算复杂度近似为 $O[2(2N+N\,\mathrm{lb}N)]$，整个算法的运算复杂度近似为 $O[2M(2N+N\,\mathrm{lb}N)]$。在假设相位误差不沿距离变化的情况下，可以选择部分距离单元数据作为样本数据，以代替整个距离单元数据，这样可显著提高运算效率，但估计精度有一定的损失。

3.4　实测数据实验

本节利用实测数据来验证算法的有效性。数据所用雷达工作在 Ku 波段，且波束指向为 70° 大斜视角。雷达参数见表 3.1。

表 3.1　实验雷达参数

载频	带宽	斜视角	PRF
16 GHz	200 MHz	70°	1000 Hz

采用 PGA 相位误差补偿方法后，得到的图像如图 3.6(a) 所示。

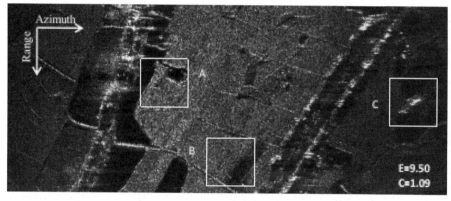

（a）PGA处理结果

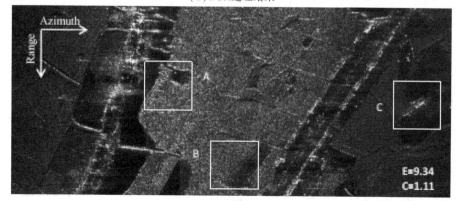

（b）重叠子孔径处理结果

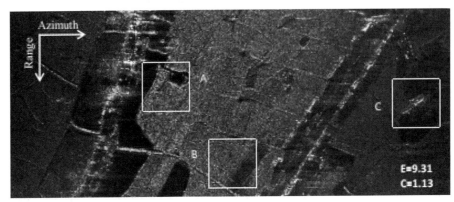

（c）本章算法处理结果

图 3.6　三种方法结果比较

　　由于大斜视下包含有未知的方位空变相位误差，PGA 相位误差补偿方法不能够精确地补偿相位误差的空变分量，表现在图中左侧聚焦良好，右侧有严重的散焦。空变相位误差的存在，使得不同的合成孔径位置其脉冲响应函数是不同的。而 PGA 方法建立的信号模型中，忽略了相位误差随方位孔径位置的变化，因而对于大斜视下估计出的相位误差存在精度不足。通过计算可知，经过 PGA 相位误差补偿处理后，图像的熵和对比度分别为 $E=9.501$ 和 $C=1.097$。

　　我们将全孔径数据沿方位维分为 10 个子孔径，并且子孔径与子孔径之间重叠子孔径长度的一半，然后对每个子孔径数据进行 PGA 相位误差补偿处理，再将子孔径得到的聚焦图像进行拼接，得到图 3.6(b)所示结果。从图中可以看出，经过重叠子孔径分割处理后，图像的聚焦精度优于图 3.6(a)，图像的质量有较大的提高，这是因为经过子孔径划分后，对于短孔径数据而言，相位误差中的方位空变分量在短孔径中较小，此时短孔径中的相位误差近似为非空变的相位误差，采用 PGA 方法对非空变的相位误差进行补偿处理，可以获得较好的聚焦效果，图像的熵和对比度分别为 $E=9.34$ 和 $C=1.11$，图像质量比图 3.6(a)有了较为明显的提高。然而正如前面分析的一样，图 3.6(b)中子孔径图像之间存在较为明显的拼痕，主要原因在于对于不同的子孔径采用相同的 PGA 相位补偿方法，其补偿精度由于数据的不同而不同，因而得到的各子孔径数据的图像聚焦精度也不相同，即使采用了重叠子孔径划分的技巧，但在某些子孔径拼接处，拼痕仍然存在。同时，对于某些特殊的子孔径，例如，没有强散射点的子孔径区域，较短的孔径使得 PGA 方法估计的相位误差与真实值相差较大。

采用本章相位误差补偿方法得到的结果如图 3.6(c)所示。其中，图像的熵和对比度分别为 $E=9.31$ 和 $C=1.13$。本章方法对全孔径数据进行统一的相位误差估计，不需要子孔径数据分割，也不存在没有强散射点的区域，因此避免了拼痕的出现。由于本章方法建立以图像对比度最大为准则的代价函数，因而采用本章方法处理后获得的图像的熵最小，图像的对比度最大。从图 3.6(c)中也可看出，图像中右侧的聚焦度较图 3.6(a)有较为明显的改善，图像左侧也并未因右侧聚焦而引起散焦，整个图像的聚焦度较理想。

图 3.7 是图 3.6 中特殊场景的局部放大图，即图 3.6 中标注的 A、B 和 C 三块区域。图 3.7 中从左到右依次为全孔径 PGA 结果、子孔径分割 PGA 结果以及本章方法结果。从图 3.7(a)中可以看出，子孔径分割 PGA 方法在子孔径拼接处有明显的拼痕，其对应的图像熵值也比全孔径 PGA 方法高，图像对比度比全孔径 PGA 方法低，而图像熵值越低聚焦度越好，图像对比度越大聚焦度越好。通过对比说明，子孔径分割方法虽然改善了图 3.6(a)中右侧部分的散焦，但会在子孔径拼接处引入新的问题。图 3.7(b)中选取的场景有一定的特殊性，主要表现在其对应的子孔径中没有特显点。当场景中不含特显点时，PGA 方法不再适用。图 3.7(b)中左侧图之所以可以聚焦，是因为其计算相位误差时是按照全孔径数据进行估计的，经过子孔径分割后，场景中没有特显点直接导致 PGA 自聚焦算法的失效。可以从图 3.7(b)中间图看出，子孔径分割 PGA 方法比全孔径 PGA 方法引入了更多的模糊，其对应的图像熵比全孔径方法更高，图像对比度更低。也可直观地从图中看出，子孔径分割后图像散焦更加严重。图 3.7(c)中，全孔径 PGA 方法对于空变的相位误差无法聚焦，通过子孔径分割 PGA 方法可以获得较好的聚焦效果，而本章方法获得的聚焦效果最优，主要是相位误差的模型比 PGA 算法更加准确。本章方法的聚焦效果要优于前两种方法，主要原因在于两点：一是本章提出的算法不需要进行子孔径分割，因而避免了子孔径分割使得场景不含特显点的问题；二是本章建立的相位误差模型要比 PGA 算法更加精确，综上两点，使得本章方法结果最优。

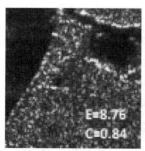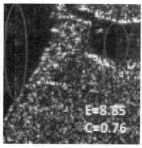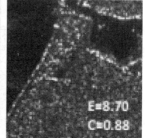

（a）场景A局部放大图

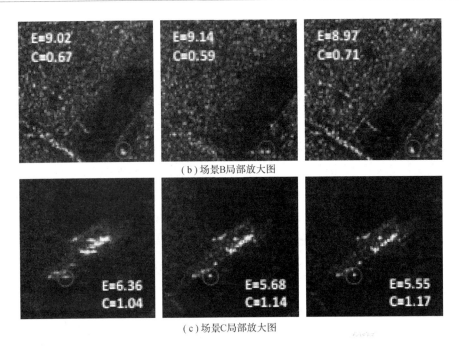

（b）场景B局部放大图

（c）场景C局部放大图

图 3.7　局部放大图

　　为了证明本章方法的聚焦效果最优，图 3.8 画出了图 3.7 中红色圈中孤立散射点的一维方位向剖面图。其中蓝线表示 PGA 方法，绿线表示子孔径分割 PGA 方法，红线表示本章所提方法，可以清楚地看出，本章方法可以明显提高散射点的聚焦精度。

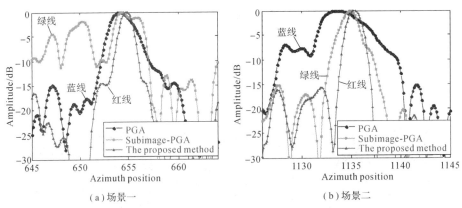

（a）场景一

（b）场景二

图 3.8　散射点一维方位向剖面图

　　图 3.9 所示为每次循环得到的图像对比度。循环结束的条件是其对应的图像对比度不再变换，从图中可以看出只需要经过 15 次循环，就可以达到收敛精度。综上所述，本章方

法可以较为精确和高效地对空变的相位误差进行补偿。

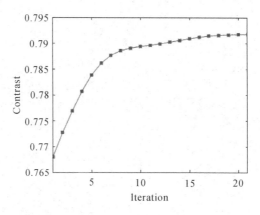

图 3.9　每次循环图像的熵

　　为了说明本章算法的普适性，我们对另一个大斜视数据进行了处理。将该雷达系统放置在无人机平台，斜视角约为 $65°$，工作在 Ku 波段，带宽约为 $100\ \mathrm{MHz}$，处理结果如图 3.10 所示。图 3.10(a) 为采用 PGA 方法的全孔径成像结果，图 3.10(b) 为本章方法全孔径成像结果。同样地，我们选择了两块区域进行算法性能对比分析，如图 3.11 所示。从图中可以清楚地看到，采用本章方法能够将 PGA 处理后仍旧连接在一起的散射点区分开，同时，图像中其余强散射点仍然保持着较好的聚焦效果，并没有因为本章方法而散焦。

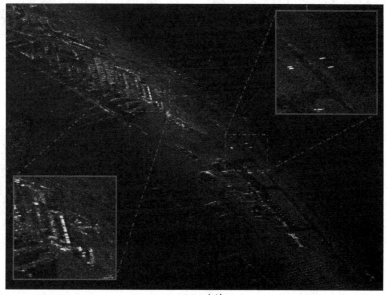

(a) PGA方法

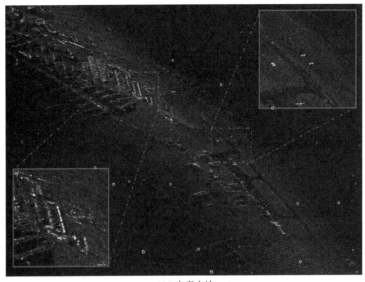

（b）本章方法

图 3.10   无人机成像结果

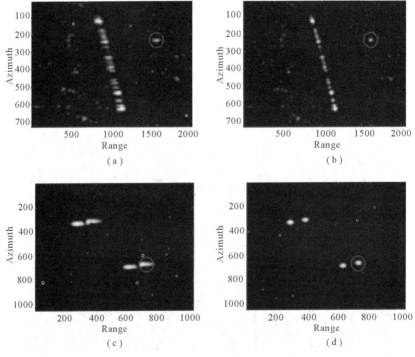

图 3.11   子图对比分析

图 3.12 和图 3.13 给出了图 3.11 中所标注的散射点的一维距离像和一维方位像。同第一个实验结果相一致，本章方法能够在不破坏距离像的同时提高方位向的散射点的聚焦精度。

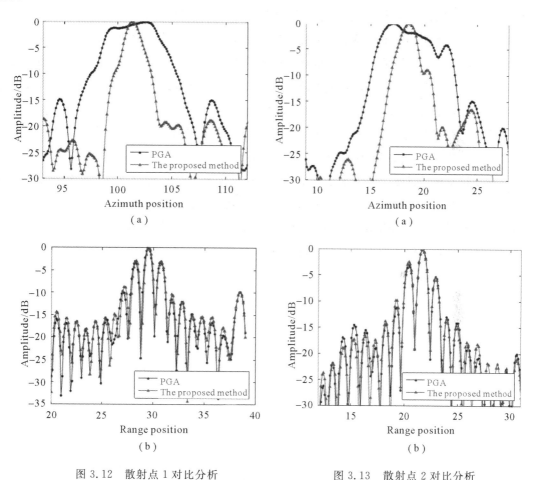

图 3.12　散射点 1 对比分析　　　　图 3.13　散射点 2 对比分析

3.5　本　章　小　结

本章算法的目的是要解决方位空变相位误差的估计和补偿问题。当 SAR 工作在大斜视下，或者宽幅模式下波束较宽时，方位空变相位误差的补偿是必须要考虑的。也正是由于在实际的数据处理中遇到了问题，才促使我们提出本章方法来解决问题。

　　对于方位空变的相位误差，主要需要考虑它随方位孔径位置变化的特性，也就是说，在不同的方位孔径位置上，信号的脉冲响应函数是不同的，这在实际中给方位空变相位误差的补偿带来很大的困难。本章在信号模型部分推导出了精确的聚焦图像与模糊图像的解析关系式，利用这个关系式，解决了方位空变相位误差的补偿问题。这样，问题就转换为如何对方位空变相位误差的精确估计问题。我们建立了更具普适性的相位误差参数化信号模型，其中包含两个未知量：一个未知量表示相位误差中的非空变分量，另一未知量表示相位误差中的空变分量。对于未知量的求解，本章利用对比度最大化的代价函数，对最优解的估计过程是通过搜索梯度方向上的图像对比度最大值对应的点来实现的。同时，求解过程中采用了交替迭代处理的技巧，避免了陷入某一参量的局部最优解问题。通过一定步骤的迭代，可以收敛到稳定的对比度值。最后，实测数据结果证明了本章所提算法的有效性。

　　需要特别说明的是，由于本章提出的空变相位误差补偿算法是以图像对比度最大化为标准建立的代价函数，因而具有一定的扩展性：不仅适用于 SAR 图像，而对于 ISAR 图像，由于其与 SAR 基本原理相同，其方位空变的相位误差同样可以用式(3-3)近似，因而该算法对于 ISAR 的方位相位误差补偿问题同样适用。

第四章　机动目标稀疏孔径成像及距离走动校正方法

4.1　引　言

ISAR 成像技术由于能够较好地重建出目标的二维高分辨图像,因而广泛地应用于民用和军用领域[27, 152]。传统的 ISAR 成像方法假设目标飞行平稳且合成孔径时间较短,目标相对于雷达的旋转角度较小,同时散射点的距离走动量在一个距离分辨单元内,回波信号中的多普勒频率也近似为常量。而实际中,感兴趣的目标通常是非合作的,即同时存在俯仰、偏航和翻滚。经过平动补偿后(包括包络对齐和自聚焦),目标的旋转角度仍然很大[153, 154],导致一些散射点的距离走动量较大。当分辨率较低时,散射点的距离走动量仍然在一个距离分辨单元内,距离走动量可以忽略。但是,当分辨率较高或目标尺寸较大时,离转动中心较远的散射点的距离走动量常常超出一个甚至多个距离分辨单元,使得图像产生严重模糊。同时,较大的转动分量也使得多普勒频率不再是常量而随时间变化。散射点的距离走动和时变的多普勒给机动目标的 ISAR 成像带来很大的挑战[54]。

稀疏孔径是实际中 ISAR 成像需要面临的又一难题。随着相控阵技术的发展[155, 156],现代多功能雷达通常含有成像、多目标追踪等多种工作模式。通过在不同时刻交替发射窄带信号和宽带信号来实现成像模式和追踪模式之间的切换。雷达通常发射窄带信号对目标进行跟踪,通过发射宽带信号对目标进行成像。由于采用分时系统,使得用于成像所需的宽带观测时间有限,宽带回波信号在方位孔径上不再连续而形成稀疏孔径信号。

利用目标的全孔径信号来获得目标各时刻不同姿态的瞬时图像,对于后期的目标识别和分类具有重要意义。而直接采用传统的成像方法对稀疏孔径信号进行成像,图像中会存在较强的栅瓣,因此,为了获得目标的全孔径信号以及降低稀疏孔径对成像质量的影响,近年来提出了很多利用稀疏孔径信号重构全孔径信号的方法。Capon、空缺数据幅相估计法(Gap‐data Amplitude and Phase Estimation，GAPES)等现代谱估计方法[157-159]在一定的约束条件下，可以较好地估计出缺失信号的幅度和相位；Burg 等谱外推方法是另一种有效的方法，但要求信号模型必须满足线性预测模型[160-162]；由于 ISAR 信号具有很强的稀疏性，因此稀疏孔径下的 ISAR 成像问题可以转化为稀疏约束下的最优化问题，即求稀疏约束问题的最优解[29, 163-170]。然而，上述方法中都假设目标信号中的多普勒频率为常量，忽略了距离走动对信号重构的影响，使得现有的稀疏孔径 ISAR 成像方法仅适用于平稳飞行的目标。而机动目标较大的转动分量会引入时变的多普勒频率和散射点的距离走动[45, 55, 61, 171-173]，现有方法则不再适用。同时，由于信号的缺失，简单的套用现有的机动目标成像方法[174-176]也很难得到稀疏孔径机动目标的高质量图像，公开文献很少有对机动目标的稀疏孔径 ISAR 成像算法和应用方面的研究。

为了解决上述问题，本章提出一种考虑距离走动的机动目标稀疏孔径 ISAR 成像方法。在平动补偿阶段，采用以最小熵为准则的包络对齐方法和以特征分解为准则的自聚焦方法[56, 177, 178]。由于 ISAR 信号具有很强的稀疏性[179-181]，本章通过稀疏约束函数的优化求解从稀疏信号中恢复出全孔径信号。考虑到平动补偿后，散射点的距离走动仍然存在，因此首先构造含有一次距离-方位耦合项的 Chirp‐Fourier 基，然后在稀疏信号优化求解的过程中引入快速傅里叶变换，提高了正交匹配追踪[182-184](Orthogonal Matching Pursuit，OMP)方法在新的冗余字典下的求解效率，同时精确估计并补偿每个散射点的距离走动量。重构出不含距离走动量的全孔径信号后，采用时频分析方法[174]消除时变多普勒频率在图像中引入的模糊，最终获得稀疏孔径下机动目标的高质量瞬时图像。

4.2 信 号 模 型

4.2.1 全孔径机动目标 ISAR 信号模型

回波信号经过平动补偿后，目标等效为转台模型[171]，如图 4.1 所示。以目标旋转中心点 O 为原点建立三维坐标系 XYZ。雷达视线方向(Line Of Sight，LOS)上的单位向量 $R = [X_R \quad Y_R \quad Z_R]^T$ 和垂直于目标转动角速度 Ω 方向上的单位向量构成成像平面。Ω 可分解为沿 LOS 方向上的角速度 Ω_R 和垂直于 LOS 方向上的角速度 Ω_e，Ω_R 并没有引起雷达到目标瞬时距离的改变，$\Omega_e = [\omega_{e,x} \quad \omega_{e,y} \quad \omega_{e,z}]$ 产生回波信号中全部的多普勒频率分量，称 Ω_e 为有效转动分量。

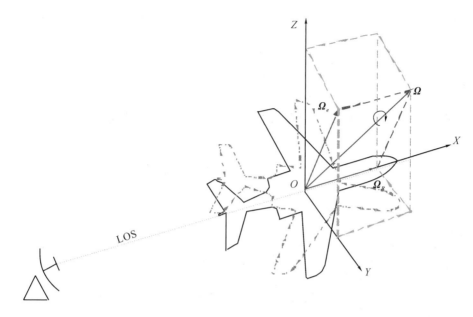

图 4.1 机动目标 ISAR 成像几何模式示意图

假设雷达发射信号为

$$s_T(t_k) = \mathrm{rect}\frac{t_k}{T}\exp(\mathrm{j}2\pi f_c t_k)\exp(\mathrm{j}\pi\gamma t_k^2) \tag{4-1}$$

其中，t_k 表示快时间，T 表示发射信号脉冲宽度，f_c 表示信号载频，γ 表示发射信号调频率。

若 p 是目标上的任意散射点，其坐标为 $r_p = [x_p \quad y_p \quad z_p]^T$。采用解线频调（dechirp）方式接收后[171]，散射点 p 的回波信号变为

$$s_p(f_r, t_m) = w_p\mathrm{rect}\left[\frac{\left(\dfrac{f_r}{\gamma} - 2R_p(t_m)/c\right)}{T_p}\right]\times$$

$$\exp\left(-\mathrm{j}\frac{4\pi}{c}\left(f_r - \gamma\frac{2R_{\mathrm{ref}}}{c}\right)\Delta R_p(t_m)\right)\times$$

$$\exp\left(-\mathrm{j}\frac{4\pi}{c}f_c\Delta R_p(t_m)\right) \tag{4-2}$$

其中，w_p 表示散射点 p 的幅度，f_r 表示距离频率，c 表示光速，t_m 表示慢时间，R_p 表示散射点 p 到雷达的瞬时距离，R_{ref} 表示采用 dechirp 接收模式中的参考距离。$\Delta R_p(t_m) = R_p(t_m) - R_{\mathrm{ref}}$ 表示散射点瞬时距离到参考距离的距离差。对 f_r 做 IFFT 并忽略常数项后，

信号在距离压缩域的表达式为

$$s_p(t_k, t_m) = w_p \text{sinc}\left[T_p\left(t_k + 2\frac{\gamma}{c}\Delta R_p(t_m)\right)\right] \times$$

$$\exp\left[-\text{j}\frac{4\pi}{c}f_c\Delta R_p(t_m)\right] \tag{4-3}$$

散射点由转动引起的距离走动量在频率域表现为距离频率与方位慢时间的一次耦合项：

$$s_p(f_r, t_m) = w_p \text{rect}\left(\frac{f_r/\gamma - 2\Delta R_p/c}{T_p}\right) \times$$

$$\exp\left(-\text{j}\frac{4\pi}{c}(f_c + f_r)\Delta R_p(t_m)\right) \tag{4-4}$$

式(4-4)中最后的相位项为散射点的距离徙动量。由图4.1中机动目标的三维模型可知，$\Delta R_p(t_m)$可以表示为

$$\Delta R_p(t_m) = \int_{t_0}^{t_m}(\boldsymbol{\Omega}_e \times \boldsymbol{r}_p)^{\text{T}}R\text{d}t \tag{4-5}$$

机动目标的有效转动速度Ω_e在观测时间内随时间变化，当观测时间较短时，有效转动分量可近似认为是匀加速转动。因此，可以将有效转动速度近似为一阶模型：

$$\Omega_e(t_m) = \boldsymbol{\Omega}_{e0} + \boldsymbol{a}_{e0}t_m \tag{4-6}$$

其中，$\boldsymbol{\Omega}_{e0} = \begin{bmatrix}\Omega_{ex} & \Omega_{ey} & \Omega_{ez}\end{bmatrix}^{\text{T}}$和$\boldsymbol{a}_{e0} = \begin{bmatrix}a_{ex} & a_{ey} & a_{ez}\end{bmatrix}^{\text{T}}$分别表示散射点的转动角速度和加速度。将式(4-6)代入式(4-5)可得

$$\Delta R_p(t_m) = \int_{t_0}^{t_m}(\boldsymbol{\Omega}_{e0} + \boldsymbol{a}_{e0}t_m)^{\text{T}}\boldsymbol{r}\text{d}t$$

$$= \Omega_p t_m + \frac{1}{2}a_p t_m^2 \tag{4-7}$$

其中，$\boldsymbol{r} = \begin{bmatrix}y_p Z_R - z_p Y_R & z_p X_R - x_p Z_R & x_p Y_R - y_p X_R\end{bmatrix}^{\text{T}}$，$\boldsymbol{\Omega}_p = \boldsymbol{\Omega}_{e0}^{\text{T}}\boldsymbol{r}$，$a_p = \boldsymbol{a}_{e0}^{\text{T}}\boldsymbol{r}$。将式(4-7)代入式(4-4)并离散采样后，信号形式变为

$$s_p(f_r, m) = w(\omega_p, \kappa_p)\exp\left[-\text{j}2\pi\left(\frac{f_r + f_c}{f_c}\omega_p m + \frac{1}{2}\kappa_p m^2\right)\right] \quad m = 0, 1, \cdots, M-1 \tag{4-8}$$

其中，$w(\omega_p, \kappa_p) = \omega_p \text{rect}\left[\dfrac{\left(\dfrac{f_r}{\gamma} - 2\dfrac{\Delta R_p}{c}\right)}{T_p}\right]$，$M$表示方位向采样总数。

$$\omega_p = \frac{2\boldsymbol{\Omega}_p}{\lambda M(\text{PRF})} \tag{4-9}$$

$$\kappa_p = \frac{2a_p}{\lambda\,(M \cdot \mathrm{PRF})^2} \tag{4-10}$$

其中，PRF 表示脉冲重复频率，ω_p 和 κ_p 分别表示散射点 p 的多普勒中心和多普勒调频率。当距离单元 n 中含有 p 个散射点时，第 n 个距离信号可表示为

$$\boldsymbol{S}_n = \begin{bmatrix} \boldsymbol{S}_n(1) & \boldsymbol{S}_n(2) & \cdots & \boldsymbol{S}_n(m) \end{bmatrix}^{\mathrm{T}} = \sum_{p=1}^{P} s_p(f_r, m) \tag{4-11}$$

式(4-11)说明机动目标的回波信号是一系列多普勒中心和调频率未知的 Chirp 子信号的和，传统 ISAR 成像方法建立的信号模型中，忽略了多普勒调频率的影响，适用于平稳目标，对于机动目标不再适用。

4.2.2　稀疏孔径机动目标 ISAR 信号模型

当孔径稀疏[185]时，方位信号是不连续的。假设第 n 个距离单元仍用 $\boldsymbol{S}_n$ 表示，令

$$\bar{\boldsymbol{S}}_n(k) = \begin{bmatrix} \boldsymbol{S}_n(m_k+1) & \boldsymbol{S}_n(m_k+2) & \cdots & \boldsymbol{S}_n(m_k+l_k) \end{bmatrix}^{\mathrm{T}} \tag{4-12}$$

表示第 n 个距离单元中第 k 个有效孔径信号。如图 4.2 所示，假设共有 K 个有效孔径，$k=1, 2, \cdots, K$。第 k 个子孔径信号长度为 l_k（从 m_k+1 到 m_k+l_k），那么第 n 个距离单元的稀疏信号表示为

$$\bar{\boldsymbol{S}}_n = \begin{bmatrix} \bar{\boldsymbol{S}}_n(1) & \cdots & \bar{\boldsymbol{S}}_n(k) & \cdots & \bar{\boldsymbol{S}}_n(K) \end{bmatrix}^{\mathrm{T}} \tag{4-13}$$

其中，$\bar{\boldsymbol{S}}_n$ 表示第 n 个距离单元，长度为 $\bar{M}=l_1+l_2+\cdots+l_k$（$\bar{M}<M$）的有效孔径信号。稀疏孔径下所有距离单元的信号可以写为

$$\bar{\boldsymbol{S}} = \begin{bmatrix} \bar{\boldsymbol{S}}_1 & \cdots & \bar{\boldsymbol{S}}_n & \cdots & \bar{\boldsymbol{S}}_N \end{bmatrix}^{\mathrm{T}}_{\bar{M} \times N} \tag{4-14}$$

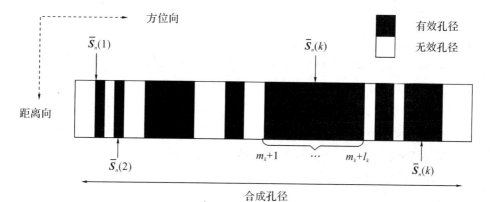

图 4.2　稀疏孔径示意图

4.3 稀疏重构及距离走动校正

4.3.1 稀疏孔径机动目标的平动补偿

上述信号模型的推导过程中，假设信号已完成平动补偿。平动补偿包括包络对齐和自聚焦处理。对于稀疏孔径信号而言，虽然孔径有缺失，但是一些包络对齐方法对稀疏孔径信号还是有效的，例如以最小熵为准则的包络对齐方法。然而，包络对齐方法不能完全校正由于目标转动引起的散射点的距离走动，但是将传统的包络对齐方法作为对信号的粗补偿，对后续重构信号非常有帮助。本章提出的距离走动校正方法可以看作对信号运动误差的精补偿。

类似地，直接采用现有的自聚焦方法来校正稀疏孔径机动目标的相位误差同样存在较大困难。自聚焦方法隐含的内在条件是：聚焦的图像与距离压缩后的信号之间存在傅里叶变换对的关系[44, 136, 146, 186]。机动目标的稀疏孔径信号，由于信号的缺失和距离走动的存在，使得其不再满足传统自聚焦方法的内在要求，因而大多数自聚焦方法在机动目标的稀疏孔径条件下的效果不理想。但是，存在一种特殊的方法：以信号协方差矩阵特征值分解为基础的特征值分解自聚焦方法[137]，可以较好地应用到稀疏孔径的机动目标的情况。与上述自聚焦方法不同的是，特征值分解自聚焦方法利用稀疏孔径信号协方差矩阵最大特征值对应的特征向量来估计信号的相位误差，对信号的孔径无要求，可以较精确地估计出机动目标稀疏孔径回波信号的相位误差。

4.3.2 全孔径信号重构及距离走动校正

稀疏孔径信号经过平动补偿后可表示为式(4－13)。本节将利用稀疏孔径信号重构出全孔径信号。目标的 ISAR 图像反映了目标的散射点分布，强散射点占图像的很少部分却含有图像的主要能量，因此，ISAR 信号可以认为是稀疏的，通过对代价函数的稀疏优化求解可以较精确地重构出目标的全孔径信号。由式(4－8)可知，机动目标的稀疏孔径信号可看作一系列多普勒中心、调频率和幅度未知的 Chirp 子信号的和，而式(4－4)说明散射点的距离走动量在频率域表现为距离方位的一次耦合项。因此，考虑到距离走动的影响，首先建立包含一阶距离走动项的 Chirp－Fourier 基：

$$d(\omega, \kappa) = \frac{1}{\sqrt{M}} \boldsymbol{F} \odot \boldsymbol{C} \tag{4-15}$$

其中，$\odot$ 表示 Hadamard 乘积。$\boldsymbol{F}$ 和 $\boldsymbol{C}$ 分别表示含有一次耦合项的傅里叶基和 Chirp 基。

$$\boldsymbol{F}=\begin{bmatrix}\exp\left(-\mathrm{j}\dfrac{2\pi}{f_c}(f_r+f_c)\omega\right)\\\vdots\\\exp\left(-\mathrm{j}\dfrac{2\pi}{f_c}(f_r+f_c)\omega m\right)\\\vdots\\\exp\left(-\mathrm{j}\dfrac{2\pi}{f_c}(f_r+f_c)\omega M\right)\end{bmatrix} \tag{4-16}$$

$$\boldsymbol{C}=\begin{bmatrix}\exp(-\mathrm{j}\pi\kappa)\\\vdots\\\exp(-\mathrm{j}\pi\kappa m^2)\\\vdots\\\exp(-\mathrm{j}\pi\kappa M^2)\end{bmatrix} \tag{4-17}$$

其中，$\omega\in[1:M]/M$，$\kappa\in[-Y/2+1:Y/2]/M^2$。需要说明的是，$Y$ 的选取应该足够大到能够包含稀疏信号中所有 Chirp 子信号的所有频率分量[134]。由此可构造机动目标稀疏孔径的冗余字典：

$$\boldsymbol{D}(\omega,\kappa)=\begin{bmatrix}\boldsymbol{d}\left(\dfrac{1}{M},-\dfrac{Y}{2}+1\right) & \boldsymbol{d}\left(\dfrac{1}{M},-\dfrac{Y}{2}+2\right) & \cdots & \boldsymbol{d}\left(\dfrac{1}{M},\dfrac{Y}{2}\right)\\[2mm]\boldsymbol{d}\left(\dfrac{2}{M},-\dfrac{Y}{2}+1\right) & \boldsymbol{d}\left(\dfrac{2}{M},-\dfrac{Y}{2}+2\right) & \cdots & \boldsymbol{d}\left(\dfrac{2}{M},\dfrac{Y}{2}\right)\\[2mm]\vdots & \vdots & & \vdots\\[2mm]\boldsymbol{d}\left(1,-\dfrac{Y}{2}+1\right) & \boldsymbol{d}\left(1,-\dfrac{Y}{2}+2\right) & \cdots & \boldsymbol{d}\left(1,\dfrac{Y}{2}\right)\end{bmatrix} \tag{4-18}$$

同时，$\bar{\boldsymbol{S}}_n$ 应当满足：

$$\bar{\boldsymbol{S}}_n=\boldsymbol{DQ}+\boldsymbol{\sigma} \tag{4-19}$$

其中，$\boldsymbol{Q}$ 表示需要重构的全孔径信号，$\boldsymbol{\sigma}$ 表示噪声。利用冗余字典 $\boldsymbol{D}$ 和稀疏信号 $\bar{\boldsymbol{S}}_n$ 重构全孔径信号 $\boldsymbol{Q}$，关键在于估计出稀疏孔径信号中每个 Chirp 子信号的最优参数集 ω_p、κ_p 和 a_p。现在有很多方法[187,188]可以解决信号的重构问题，考虑到 ISAR 信号有较强的稀疏性，可通过求解下式的有约束最优化问题来解决重构问题：

$$\hat{\boldsymbol{Q}}=\arg\min \parallel\boldsymbol{Q}\parallel_1 \text{ s. t. } \parallel\bar{\boldsymbol{S}}_n-\boldsymbol{DQ}\parallel_2\leqslant\varepsilon \tag{4-20}$$

其中，$\parallel~\parallel_k$ 表示 L_k 阶范数，ε 表示噪声门限，可由仅含有噪声的距离单元估计出。采用

OMP 方法$^{[182]}$可以较好地解决式(4-20)的最优化问题，但是运算复杂度较高。本章提出一种改进的 OMP 方法，通过引入快速傅里叶变换提高了 OMP 的求解效率。具体步骤如下：

(1) 首先估计出 $\bar{S}_n$ 的第一个 Chirp 子信号 $\bar{S}e_1$ 的多普勒中心和调频率：

$$\{\hat{\omega}_1, \hat{\kappa}_1\} = \max_{\omega, \kappa} |d(\omega, \kappa)^H \bar{S}_n| \tag{4-21}$$

式(4-21)需要对字典中所有的元素进行搜索，而字典的维度很大，使得运算复杂度较高且对内存的要求较高，限制了其在实际中的应用。为了提高求解效率，本节将快速傅里叶变换引入到求解过程中。首先将式(4-16)重新表示为

$$F' = \begin{bmatrix} \exp(-j2\pi\omega') \\ \vdots \\ \exp(-j2\pi\omega'm) \\ \vdots \\ \exp(-j2\pi\omega'M) \end{bmatrix} \tag{4-22}$$

其中，

$$\omega' = \frac{f_r + f_c}{f_c}\omega \tag{4-23}$$

F' 是标准的傅里叶基，式(4-15)可重新写为

$$d(\omega, \kappa) = \frac{1}{\sqrt{M}}F' \odot C \tag{4-24}$$

将式(4-24)代入式(4-21)可以得：

$$\{\hat{\omega}_1, \hat{\kappa}_1\} = \max_{\omega, \kappa} |(d(\omega, \kappa))^H \bar{S}_n|$$

$$= \max \begin{vmatrix} \left(d\left[\frac{1}{M}, -\frac{Y}{2}+1\right]\right)^H \bar{S}_n & \left[d\left(\frac{1}{M}, -\frac{Y}{2}+2\right)\right]^H \bar{S}_n & \cdots & \left[d\left(\frac{1}{M}, \frac{Y}{2}\right)\right]^H \bar{S}_n \\ \left[d\left(\frac{2}{M}, -\frac{Y}{2}+1\right)\right]^H \bar{S}_n & \left[d\left(\frac{2}{M}, -\frac{Y}{2}+2\right)\right]^H \bar{S}_n & \cdots & \left[d\left(\frac{2}{M}, \frac{Y}{2}\right)\right]^H \bar{S}_n \\ \vdots & \vdots & & \vdots \\ \left[d\left(1, -\frac{Y}{2}+1\right)\right]^H \bar{S}_n & \left[d\left(1, -\frac{Y}{2}+2\right)\right]^H \bar{S}_n & \cdots & \left[d\left(1, \frac{Y}{2}\right)\right]^H \bar{S}_n \end{vmatrix} \tag{4-25}$$

这里以分析式(4-24)第一列为例，由于它们含有相同的调频率，所以可以写成以下形式：

$$\begin{vmatrix} \left[\boldsymbol{d}\left(\dfrac{1}{M}, -\dfrac{Y}{2}+1\right) \right]^H \bar{\boldsymbol{S}}_n \\ \left[\boldsymbol{d}\left(\dfrac{2}{M}, -\dfrac{Y}{2}+1\right) \right]^H \bar{\boldsymbol{S}}_n \\ \vdots \\ \left[\boldsymbol{d}\left(1, -\dfrac{Y}{2}+1\right) \right]^H \bar{\boldsymbol{S}}_n \end{vmatrix} = \begin{vmatrix} \left[\boldsymbol{d}\left(\dfrac{1}{M}, 0\right) \right]^H \left[\bar{\boldsymbol{S}}_n \odot \boldsymbol{C}\left(-\dfrac{Y}{2}+1\right) \right] \\ \left[\boldsymbol{d}\left(\dfrac{2}{M}, 0\right) \right]^H \left[\bar{\boldsymbol{S}}_n \odot \boldsymbol{C}\left(-\dfrac{Y}{2}+1\right) \right] \\ \vdots \\ \left(\boldsymbol{d}(1, 0)\right)^H \left[\bar{\boldsymbol{S}}_n \odot \boldsymbol{C}\left(-\dfrac{Y}{2}+1\right) \right] \end{vmatrix} \qquad (4-26)$$

注意到 $\left[\boldsymbol{d}\left(\dfrac{1}{M}, 0\right) \quad \boldsymbol{d}\left(\dfrac{2}{M}, 0\right) \quad \cdots \quad \boldsymbol{d}(1, 0) \right]^H$ 是标准的傅里叶基,所以可以通过下式的操作,避免对字典 $\boldsymbol{D}$ 中的所有元素逐一求解,可得到字典中每一列值对应的结果:

$$\{\hat{\omega}'_1, \hat{\kappa}_1\} = \max_{\omega'_1, \kappa}\{\text{FFT}\{\bar{\boldsymbol{S}}_n \odot \boldsymbol{C}\}\} \qquad (4-27)$$

假设经过循环 C_n 次循环算法停止,对于每一个距离单元,调频率向量 $\left[\boldsymbol{C}\left(-\dfrac{Y}{2}+1\right) \quad \boldsymbol{C}\left(-\dfrac{Y}{2}+2\right) \quad \cdots \quad \boldsymbol{C}\left(\dfrac{Y}{2}\right) \right]^T_M$ 的维度为 M。注意到 $\text{FFT}\{\bar{\boldsymbol{S}}_n \mathrm{e}\boldsymbol{C}\}$ 的运算复杂度为 $O(M\,\mathrm{lb}M)$,改进的 OMP 算法的总运算复杂度近似为 $O(C_n M^2\,\mathrm{lb}M)$,而传统的 OMP 的运算复杂度约为 $O(2C_n M^3)$。可见,引入快速傅里叶变换可以较为明显地提高算法的运算效率。

相应的幅度为

$$\omega_1 = \boldsymbol{d}\,(\hat{\omega}_1, \hat{\kappa}_1)^H\,\bar{\boldsymbol{S}}_n \qquad (4-28)$$

$$\hat{\omega}_1 = \frac{f_c}{f_r + f_c}\hat{\omega}'_1 \qquad (4-29)$$

$\bar{\boldsymbol{S}}_n$ 的第一个 Chirp 子信号 $\bar{\boldsymbol{S}}\boldsymbol{e}_1$ 最终可以表示为

$$\bar{\boldsymbol{S}}\boldsymbol{e}_1(f_r, m) = \omega_1 \exp\left(-\mathrm{j}2\pi\left(\omega'_1 m + \frac{1}{2}\hat{\kappa}_1 m^2\right)\right) \qquad (4-30)$$

(2) 估计出第一个分量 $\bar{\boldsymbol{S}}\boldsymbol{e}_1$ 后,剩余信号变为

$$\bar{\boldsymbol{S}}_{\text{res}} = \bar{\boldsymbol{S}}_n - \bar{\boldsymbol{S}}\boldsymbol{e}_1 \qquad (4-31)$$

(3) 下面将补偿 $\bar{\boldsymbol{S}}\boldsymbol{e}_1$ 的距离走动量。现有的很多方法可以较好地解决全孔径信号的距离走动问题[189,190],本节通过补偿稀疏信号中所有 Chirp 子信号的距离走动量,可获得较高的补偿精度。首先,由式(4-7)可估计出 $\bar{\boldsymbol{S}}\boldsymbol{e}_1$ 的距离走动量:

$$R_{\text{rcm}} \approx \hat{\Omega}_1 t_m + \frac{1}{2}\hat{a}_1 t_m^2 \qquad (4-32)$$

其中,R_{rcm} 表示因转动引起的散射点瞬时斜距的变化量。$\hat{\Omega}_1$ 和 $\hat{a}_1$ 是未知的,可通过式

(4-9)和式(4-10)中 $\bar{\boldsymbol{S}}\boldsymbol{e}_1$ 的多普勒中心和调频率计算得到:

$$\hat{\Omega}_1 = \frac{\hat{\omega}_1 \lambda M(PRF)}{2} \tag{4-33}$$

$$\hat{a}_1 = \frac{\hat{\kappa}_1 \lambda M^2 (PRF)^2}{2} \tag{4-34}$$

其中,$\{\hat{\omega}_1, \hat{\kappa}_1\}$ 可由步骤(1)估计得到。那么,由 R_{rcm} 引起的距离走动量可表示为

$$y_1 = \frac{R_{\text{rcm}}}{\rho_r} \tag{4-35}$$

$$\rho_r = \frac{c}{2B} \tag{4-36}$$

其中,B 表示信号带宽,式(4-36)表示距离分辨率。将式(4-35)代入下式可得 $\bar{\boldsymbol{S}}\boldsymbol{e}_1$ 的距离走动补偿函数:

$$H_1 = \exp\left(j2\pi \frac{y_1}{N} n\right) \tag{4-37}$$

补偿 Chirp 子信号 $\bar{\boldsymbol{S}}\boldsymbol{e}_1$ 的距离走动项后,得到不含距离走动项的 Chirp 子信号 $\boldsymbol{S}\boldsymbol{e}_1$ 为

$$\boldsymbol{S}\boldsymbol{e}_1(f_r, m) = \bar{\boldsymbol{S}}\boldsymbol{e}_1(f_r, m) \times H_1 \tag{4-38}$$

(4) 采用步骤(1)相同的估计方法,利用 $\bar{\boldsymbol{S}}_{\text{res}}$ 寻找下一个基 $\{\hat{\omega}_2, \hat{\kappa}_2\}$,此时字典更新为含有两个子空间 $\boldsymbol{D}_2 = \begin{bmatrix} \boldsymbol{d}(\hat{\omega}_1, \hat{\kappa}_1) & \boldsymbol{d}(\hat{\omega}_2, \hat{\kappa}_2) \end{bmatrix}$,相应的幅度的估计变为 $w_2 = \begin{bmatrix} w_1 \\ w_2 \end{bmatrix} =$
$\boldsymbol{D}_2^{\text{H}}(\boldsymbol{D}_2^{\text{H}}\boldsymbol{D}_2)^{-1}\bar{\boldsymbol{S}}_n$,不含距离走动项的 Chirp 子信号 $\boldsymbol{S}\boldsymbol{e}_2(t_k, t_m)$ 由步骤(3)估计得到。

(5) 重复步骤(2)和步骤(4),直到剩余信号的能量小于噪声。经过 P' 次循环后,估计的参数集包括:与 P' 个子信号对应的稀疏字典 $\bar{\boldsymbol{D}}_{P'}$,复幅度向量 $w_{P'}$,多普勒频率 $\boldsymbol{\omega}_{P'}$ 和多普勒调频率 $\boldsymbol{\kappa}_{P'}$,以及 P' 个散射点的距离走动量 $\boldsymbol{Y}_{P'}$,分别表示如下:

$$\bar{\boldsymbol{D}}_{P'} = \begin{bmatrix} \boldsymbol{d}(\omega_1, \kappa_1) & \boldsymbol{d}(\omega_2, \kappa_2) & \cdots & \boldsymbol{d}(\omega_{P'}, \kappa_{P'}) \end{bmatrix}_{\bar{M} \times P'} \tag{4-39}$$

$$\boldsymbol{w}_{P'} = \begin{bmatrix} w_1 & w_2 & \cdots & w_{P'} \end{bmatrix}_{P' \times 1}^{\text{T}} \tag{4-40}$$

$$\boldsymbol{\omega}_{P'} = \begin{bmatrix} \omega_1 & \omega_2 & \cdots & \omega_{P'} \end{bmatrix}_{P' \times 1}^{\text{T}} \tag{4-41}$$

$$\boldsymbol{\kappa}_{P'} = \begin{bmatrix} \kappa_1 & \kappa_2 & \cdots & \kappa_{P'} \end{bmatrix}_{P \times 1}^{\text{T}} \tag{4-42}$$

$$\boldsymbol{Y}_{P'} = \begin{bmatrix} y_1 & y_2 & \cdots & y_{P'} \end{bmatrix}_{P' \times 1}^{\text{T}} \tag{4-43}$$

进而由下式可重构出全孔径信号:

$$\boldsymbol{S}'(f_r, t_m) = \sum_{p=1}^{P'} \boldsymbol{S}\boldsymbol{e}_p(f_r, t_m) \tag{4-44}$$

最后,利用时频方法消除时变多普勒的影响,获得目标的瞬时高分辨率图像。

4.4 算 法 流 程

本节给出本章算法的流程图，如图 4.3 所示。图中，首先采用以最小熵为准则的包络对齐方法和以特征值分解为准则的自聚焦方法对稀疏数据进行平动补偿。包络对齐后，距离走动仍然很大，降低了自聚焦的性能，可通过降低原始数据的分辨率来消除距离走动对自聚焦的影响[191]，具体可将相邻距离单元相加后再作自聚焦处理。应当注意的是，平动补偿在重构全孔径信号之前进行。

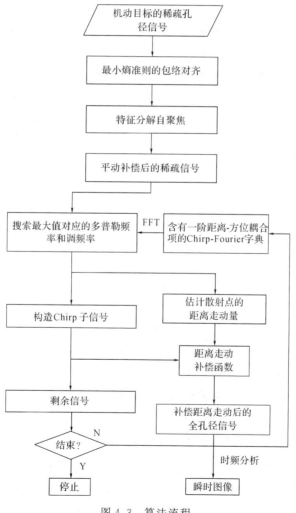

图 4.3　算法流程

平动补偿后，利用本章所提出的稀疏重构方法从稀疏孔径信号中恢复出全孔径信号。本章方法在重构全孔径信号的同时，能够较精确地补偿掉所有散射点的距离走动项。具体步骤包括：首先建立个包含一次距离方位耦合项的 Chirp-Fourier 基，利用快速傅里叶变换提高 OMP 的求解速度，同时估计出每个散射点的多普勒中心和调频率。然后通过计算每个散射点的距离走动量，能够较精确地消除距离走动对成像的影响。重构出全孔径信号后，采用时频成像方法，最终获得稀疏孔径机动目标的高质量瞬时图像。

4.5　仿真和实测数据处理及结果分析

本节利用仿真和实测数据来验证算法的有效性。部分雷达参数如表 4.1 所示。

表 4.1　部分雷达参数

目标类型	Mig - 25	Yake - 42
信号载频/GHz	9	C
信号带宽/MHz	512	400
PRF/Hz	15000	100
数据大小（方位向×距离向）	512×64	256×128

4.5.1　Mig - 25 仿真数据实验

本节利用 Mig - 25 仿真数据来验证算法的有效性。数据来自美国 Naval Research 实验室，仿真参数如下：载频为 9 GHz，脉冲重复频率为 15 kHz，全孔径信号包含 512 次脉冲，信号带宽为 512 MHz。目标具有较强的机动性，且数据已经经过平动补偿处理。

首先对本章所提的距离走动补偿方法的性能进行分析。通过从原始数据中随机抽取来获得稀疏孔径信号。本次实验所用的稀疏孔径数据为 256 次脉冲（原始数据的一半），如图 4.4(a)所示。平动补偿后，图 4.4(a)中距离走动现象仍然明显，部分散射点的距离走动量超出了多个距离分辨单元，在图中表现为一条斜线。利用距离多普勒(Range Doppler, RD)算法对稀疏信号进行成像，结果如图 4.4(b)所示。可以看出，目标图像模糊且存在较高的旁瓣。出现模糊现象是由于目标的转角较大，导致散射点距离走动严重和产生时变的多普勒，而方位孔径稀疏会在图像中引入高旁瓣。采用本章方法重构出的全孔径信号如图 4.4(c)

所示，可以看出在重构出全孔径信号的同时，距离走动被很好地补偿掉。图 4.4(d)所示为利用重构的全孔径信号进行 RD 成像结果，高旁瓣和距离走动引入的模糊现象已经消除。需要说明的是，机头部分的模糊是由于时变的多普勒产生的，通过时频成像的方法可以消除。

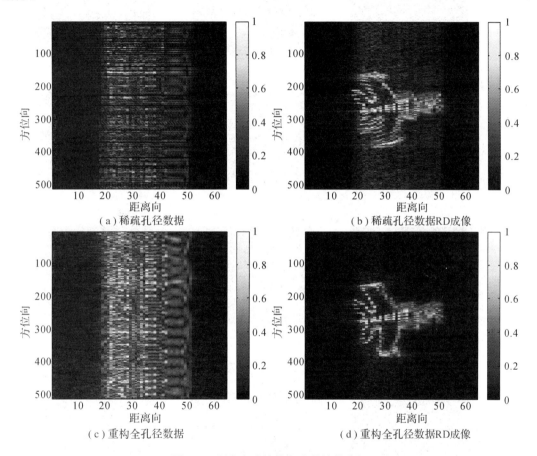

（a）稀疏孔径数据　　　　　　　　（b）稀疏孔径数据RD成像

（c）重构全孔径数据　　　　　　　　（d）重构全孔径数据RD成像

图 4.4　距离走动补偿方法的性能分析

下面分析信号的重构性能。全孔径信号的重构性能分析主要从以下两个方面：稀疏孔径的脉冲数和信噪比。通过在相同信噪比条件下改变稀疏孔径脉冲数来分析稀疏孔径脉冲数对全孔径信号重构性能的影响。图 4.5 所示为在相同信噪比条件下(16 dB)，采用本章方法重构出的全孔径信号的瞬时成像结果。图中给出三种不同的稀疏孔径脉冲数(448、409、256)，其瞬时成像时刻分别为 $t_1 = 0.55$ s，$t_2 = 1.09$ s 和 $t_3 = 1.64$ s，图中所有的图像均为 dB 图。由图可知，本章方法可以较好地从稀疏孔径信号中重构出全孔径信号，获得机动目标不同时刻的不同姿态，特别是当稀疏孔径脉冲数较少时，也可获得较理想的结果。

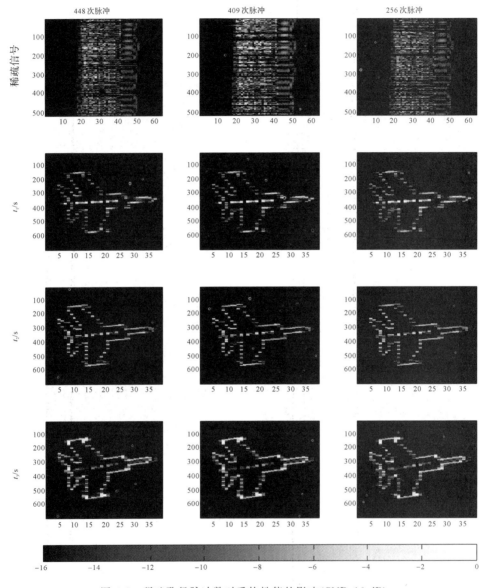

图 4.5　稀疏孔径脉冲数对重构性能的影响(SNR:16 dB)

接下来分析信噪比对全孔径信号重构性能的影响。通过从原始信号中随机抽取 256 次脉冲(原始数据的一半)，并添加复高斯白噪声来产生实验所用数据。不同信噪比下(0 dB、4 dB 和 8 dB)采用本章方法的瞬时成像结果如图 4.6 所示，图中瞬时成像时刻的选取与图

4.5 一致。由图可知，本章方法的性能受信噪比的影响，当信噪比较低时，本章方法的性能下降。在所有的瞬时成像结果中，目标没有模糊且不含有高旁瓣，较好地反映了目标的几何特性。随着噪声的增加，例如信噪比为 0 dB 时，图像中会产生虚假点，导致图像质量下降。

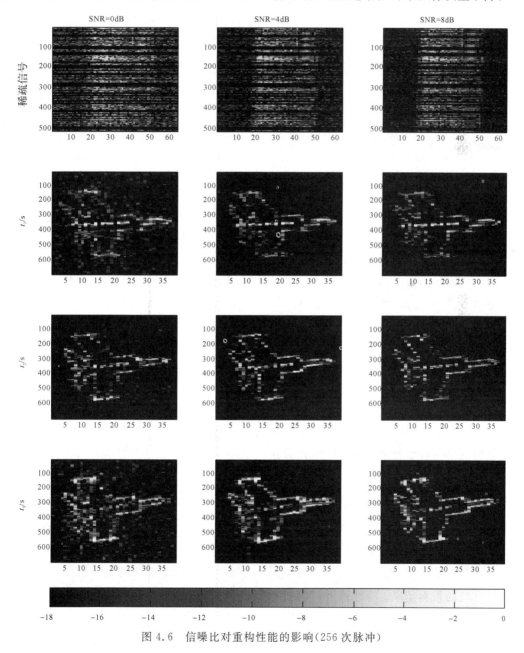

图 4.6　信噪比对重构性能的影响(256 次脉冲)

下面通过计算不同方法最终成像结果的图像熵来定性分析各算法的性能，图像熵的定义如下：

$$H = -\sum_{m,n} P(m,n) \ln P(m,n) \tag{4-45}$$

$$P(m,n) = \frac{A(m,n)^2}{\sum\limits_{m,n} A(m,n)^2} \tag{4-46}$$

其中，$A(m,n)$ 表示图中每个像素点的幅度。定义稀疏系数为缺失信号占整个信号的百分比。不同信噪比（0 dB～20 dB）和稀疏孔径系数（1/10～1/2）下的图像熵曲线如图4.7所示，图中曲线为经过 200 次蒙特卡罗实验后的结果。由图中曲线可知，本章方法具有较高的全孔径信号重构精度，且提高了对噪声的容忍性。

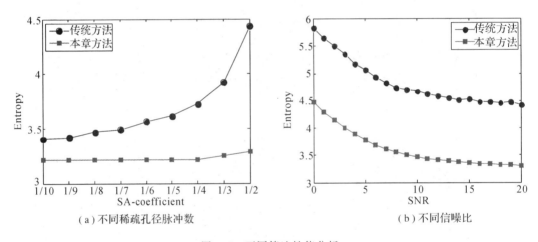

（a）不同稀疏孔径脉冲数 　　　　　　　（b）不同信噪比

图 4.7　不同算法性能分析

最后给出一些实验结论来验证本章算法的重构精度。作为对比实验，同时给出采用现代谱估计方法——GAPES 方法的实验结果。实验数据同样采用 Mig - 25 数据，全孔径数据如图 4.8(a)所示。将全孔径数据沿方位向分为四份，采取间隔抽取的方法构成稀疏孔径数据，如图 4.8(b)所示。从稀疏孔径数据的生成方式可知，稀疏孔径数据占全孔径数据的一半。采用本章方法和 GAPES 方法对图 4.8(b)所示稀疏孔径信号进行重构全孔径信号处理，其结果如图 4.8(c)、(d)所示。其中，图 4.8(c)为 GAPES 方法的重构结果，图 4.8(d)为本章方法的重构结果。不难看出，本章方法有更精确的全孔径重构精度。

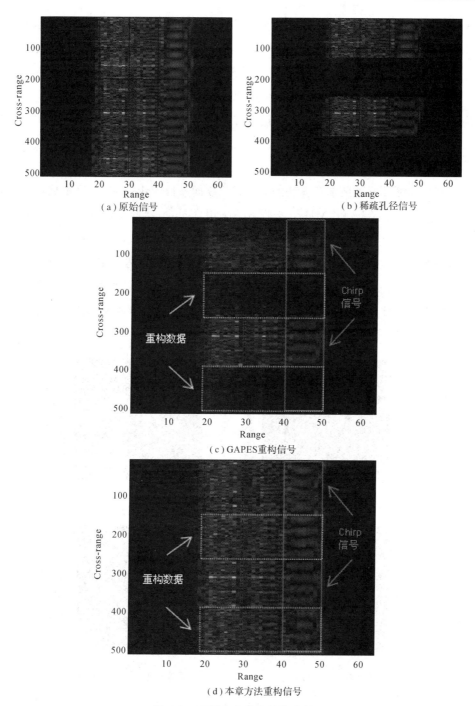

图 4.8 不同方法重构性能分析

采用 GAPES 方法作为对比实验，主要由于它是现代谱估计方法中的经典算法之一。在一定的条件下，GAPES 方法通过对缺失信号进行插值来实现从稀疏孔径信号中恢复出全孔径信号。然而，这种方法建立的信号模型为正弦信号模型，对于机动目标，正弦信号模型不再适用。由于信号模型的不匹配，使得估计出的缺失信号精度不高，如图 4.8(c) 所示。从本章算法的重构结果可以看出，对于机动目标稀疏孔径信号而言，本章算法具有更好的稀疏重构效果。

4.5.2 Yake - 42 实测数据实验

本节利用实测数据验证本章算法的有效性。数据来自 Yake - 42 实测数据，雷达工作在 C 波段，发射信号带宽为 400 MHz，接收方式采用 dechirp 接收，脉冲重复频率为 100 Hz，全孔径信号为 256 次脉冲。从全孔径信号中随机抽取 128 次脉冲来产生稀疏孔径信号，由于数据本身含有较强的噪声，因此本次实验中未对稀疏孔径信号添加高斯白噪声。

首先对稀疏孔径数据进行平动补偿处理，如图 4.9(a) 所示。对稀疏信号采用 RD 成像方法进行成像，结果如图 4.9(b) 所示。图 4.9(c) 所示为采用本章方法得到的全孔径信号。对重构的全孔径信号进行 RD 成像，结果如图 4.9(d) 所示。

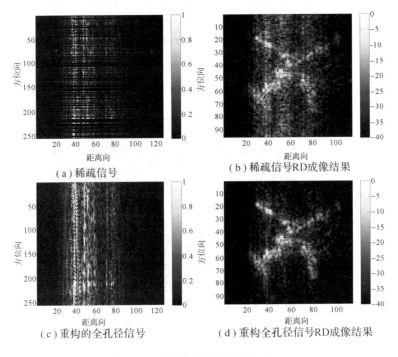

（a）稀疏信号

（b）稀疏信号 RD 成像结果

（c）重构的全孔径信号

（d）重构全孔径信号 RD 成像结果

图 4.9　实测数据稀疏重构结果

图 4.10 所示为对重构信号采用本章方法得到的目标瞬时图像，成像时刻分别为 $t_1 =$ 0.4 s，$t_2 = 0.6$ s，$t_3 = 0.8$ s 和 $t_4 = 1.0$ s。由于目标具有较强的机动性，不同成像时刻目标的姿态变换较大。与仿真结果一致，所有结果表明本章方法对稀疏信号具有较好的重构精度，最终获得较理想的目标瞬时图像。

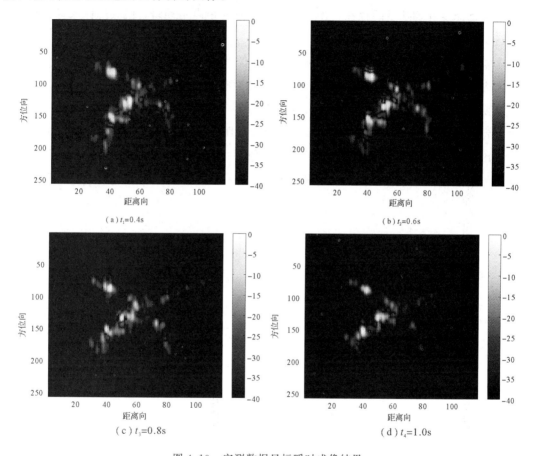

图 4.10　实测数据目标瞬时成像结果

4.6　本章小结

本章的研究目的主要是为了解决 ISAR 实际数据处理中遇到的稀疏孔径和强距离走动问题。稀疏孔径的出现，一方面是由于雷达体制引入的，ISAR 为了能够对目标进行跟踪，需要发射窄带信号。而对成像而言，由引言的分析可知，分辨率与信号带宽成反比，因此，为了能够获得目标的高分辨图像，需要发射宽带信号。窄带与宽带信号之间的切换是分时进行的。另一方面，在目标的宽带回波中，有可能出现丢帧现象，还有可能出现某几次的回波信噪比较低，这些回波都需要人为剔除，也会引入稀疏孔径。稀疏孔径的出现最终导致图像中出现强栅瓣，需要在成像之前克服。对于机动目标而言，由式(4-32)可知，机动目标由于转动速度和加速度的存在，必然会引入较强的距离走动量，在对目标成像前，需要对其进行补偿。

本章提出了一种稀疏孔径机动目标 ISAR 成像及距离走动校正方法。首先构造含有一次距离方位耦合项的稀疏 Chirp-Fourier 字典，然后在稀疏优化求解过程中，通过引入快速傅里叶变换，能够有效地从稀疏孔径信号中重构出全孔径信号；同时，通过对所有散射点的距离走动量的精确估计和补偿，能够较好地降低距离走动对成像质量的影响；最后通过对重构出的全孔径信号进行时频分析，消除图像中由时变的多普勒频率引入的模糊现象，最终得到机动目标不同时刻的瞬时成像结果。仿真和实测数据验证了本章算法的有效性。

第五章　群目标的非模糊高分辨成像及距离走动校正方法

5.1　引　　言

逆合成孔径雷达通过发射大时宽带宽积信号而拥有远距离探测及高分辨成像的能力，其中线性调频信号应用最为广泛。当发射线性调频信号对目标进行成像时，如果脉冲重复频率过高，即相邻脉冲时间间隔过短，目标的回波延迟时间将大于脉冲重复周期，前一次的回波信号会在下一个脉冲信号发射之后才能被雷达接收，导致无法确定接收的回波信号属于哪一次脉冲信号的回波，这称为距离模糊现象。因而在雷达系统设计之初，为了避免距离模糊，PRF 一般都比较低，以使雷达拥有远距离探测的能力，但较低的 PRF 给群目标（飞机编队的突防，弹道导弹的多弹头等）的成像带来很大的困难[192-195]。与传统的单目标成像相比，群目标的空间分布范围一般比较广，当群目标中所有子目标被同一波束照射时，回波信号的瞬时多普勒带宽常常超出 PRF 的范围。只有 PRF 大于多普勒带宽时，采样后的回波信号才能完整保留原始信号中的信息，如果 PRF 低于多普勒带宽，会引入多普勒模糊。距离模糊与多普勒模糊是相互矛盾的，通过降低 PRF 的方法避免了距离模糊现象，同时又引入了多普勒模糊，需要通过信号处理的方法对多普勒进行解模糊处理。

按照群目标中子目标之间是否具有相对运动，可以将现有的群目标成像算法分为两类。第一类是对群目标直接成像[196-198]，该类方法适用于子目标之间不存在相对运动或相对运动可以忽略的刚性群目标，通过对回波信号进行统一的平动补偿，然后采用基于时频分析的瞬时多普勒成像技术，可以同时得到所有子目标的成像结果。第二类是基于子目标分离的群目标成像方法，该类方法适用于子目标之间存在相对运动的非刚性群目标。文献[199，200]首先对群目标进行粗成像，然后根据粗成像结果对子目标进行分离；文献[60，201]采用 Hough 变换估计不同子目标一维距离像的斜率来分离子目标；文献[202，203]分别采用了基于离散傅里叶变换和分数阶傅里叶变换的方法在信号域进行子目标分离。然而，现有的群目标成像方法都只适用于多普勒不模糊的情况。当群目标因空间分布较大、相对雷达视线的转角较大，以及 PRF 较低出现多普勒模糊时，现有的基于信号分离子目标的群目标成像方法则不再适用。不仅如此，ISAR 在提高距离分辨率的同时，脉冲间目标回波的距离走动容易使像的距离单元错开，难以实现一段合成孔径时间内的相干积累。尤其是靠近群目标边缘处的散射点，不仅出现多普勒模糊，还会伴随有严重的距离走动现象。当距离走动和多普勒模糊同时存在时，无法利用现有的距离走动校正方法，例如 Keystone 方法，校正多普勒模糊下的距离走动。

综上所述，由于群目标的特殊性，当其空间分布范围广、转角较大时，回波信号的多普勒带宽较宽，常常超出脉冲重复频率[204, 205]的范围，极易发生多普勒模糊现象。同时，靠近群目标边缘处的散射点，其距离走动现象也较为明显，通常会超出多个距离分辨单元。当距离走动与多普勒模糊同时出现时，也难以对其精确估计和补偿。公开文献很少有对 ISAR 群目标的多普勒解模糊及距离走动校正算法和应用的研究。

为了解决上述问题，本章提出一种群目标的多普勒解模糊及距离走动校正方法。该方法首先建立了多普勒模糊下的群目标信号模型，然后利用稀疏信号分解方法精确地提取出群目标中所有强散射点对应的 Chirp 信号。由于在建立稀疏字典的过程中考虑了多普勒模糊下的距离-方位耦合项，因而通过对信号的稀疏分解可以精确估计出每个 Chirp 信号的多普勒模糊数、多普勒中心以及调频率。通过对群目标信号模型分析可知，当多普勒中心相同时，多普勒模糊信号与非模糊信号具有不同的距离走动量，因此可利用稀疏分解方法得到每个 Chirp 信号的多普勒模糊数，计算出散射点在不同模糊数下的真实距离走动量，然后完成每个散射点的距离走动校正。待完成多普勒解模糊和距离走动校正处理后，采用传统的成像方法即可获得群目标的非模糊高分辨图像，仿真数据实验结果证明了本章方法的有效性。

5.2　信　号　模　型

5.2.1　群目标 ISAR 信号模型

群目标的 ISAR 几何模型如图 5.1 所示。图 5.1 中，假设各子目标具有不同的速度，表现为经过平动补偿后，各目标的转角各不相同，我们称转角各不相同的群目标为非刚性群目标，称转角相同的群目标为刚性群目标。从定义可知，刚性群目标是非刚性群目标的特殊情况。

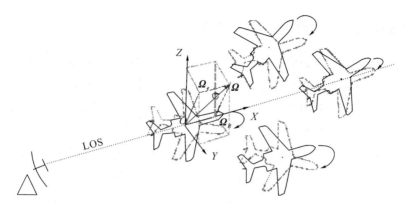

图 5.1　群目标的 ISAR 几何示意图

若雷达发射信号为线性调频信号：

$$s_T(t_k)=\text{rect}\left(\frac{t_k}{T}\right)\exp(\text{j}2\pi f_c t_k)\exp(\text{j}\pi\gamma t_k^2) \tag{5-1}$$

其中，rect(·)表示矩形窗函数，t_k 表示快时间，T 表示脉冲宽度，f_c 表示信号载频，γ 表示发射信号调频率。假设 p 为群目标中任意目标上的任意一散射点，经过 dechirp 处理后，p 的回波信号[29]可以表示为

$$\begin{aligned}s_p(f_r,m)&=w_p\exp\left(-\text{j}2\pi\left(\omega_p m\frac{(f_r+f_c)}{f_c}+\frac{1}{2}\kappa_p m^2\right)\right)\\&=w_p\exp(-\text{j}2\pi\omega_p m)\exp\left(-\text{j}2\pi\left(\frac{f_r}{f_c}\right)\omega_p m\right)\exp(-\text{j}\pi\kappa_p m^2)\end{aligned} \tag{5-2}$$

式中，w_p 表示 p 的复幅度，f_r 表示距离频率，m 表示方位采样单元，$m\in[0,1,2,\cdots,M-1]$，M 表示总的脉冲数。

其中，

$$\omega_p=\frac{2\Omega_p}{\lambda M(\text{PRF})} \tag{5-3}$$

$$\kappa_p=\frac{2a_p}{\lambda\,(M\cdot\text{PRF})^2} \tag{5-4}$$

分别表示散射点 p 的多普勒中心和多普勒调频率，PRF 表示脉冲重复频率，Ω_p 和 a_p 分别表示 p 的转动速度和加速度在 LOS 上的投影。式(5-2)表明，群目标的任意散射点，其回波是一个幅度 w_p、多普勒中心 ω_p 和调频率 κ_p 均未知的 Chirp 信号，这与第四章的散射点信号模型保持一致。

5.2.2 多普勒模糊下的群目标信号模型

由于群目标的空间分布通常比较大，其对应的多普勒带宽通常也比较大，而 ISAR 系统的脉冲重复频率为了避免距离模糊通常都比较小，一般只有几十赫兹到几百赫兹，因此当对群目标或者大尺寸目标进行 ISAR 成像时，常常发生多普勒模糊现象。例如，当雷达工作在 X 波段时，若群目标空间分布为 150 m，$\boldsymbol{\Omega}_p$ 为 3 度/s，其对应的多普勒带宽约为 1000 Hz，大大超出了 PRF 范围。实际中群目标尺寸可能更大，因此对群目标进行成像之前，需要对回波数据进行多普勒解模糊处理。考虑到实际中群目标的多普勒模糊问题，式(5-2)重新写为

$$s_p(f_r,\,m)=w_p\exp(-\mathrm{j}\pi\kappa_p m^2)\times\exp(-\mathrm{j}2\pi(\omega_p+A_p\cdot\mathrm{PRF})m)\times$$

$$\exp\left(-\mathrm{j}2\pi\left(\frac{f_r}{f_c}\right)(\omega_p+A_p\cdot\mathrm{PRF})m\right) \tag{5-5}$$

其中，A_p 表示多普勒模糊倍数，称为多普勒模糊数。

当 A_p 取不同值时，多普勒中心相位 $\exp(-\mathrm{j}2\pi(\omega_p+A_p\cdot\mathrm{PRF})m)$ 在图像中的位置不变，仍处于相同的位置，但其对应的走动相位 $\exp(-\mathrm{j}2\pi(f_r/f_c)(\omega_p+A_pM)m)$ 因 A_p 的不同而不同，表现为不同的走动斜率。图 5.2 所示为回波信号的多普勒模糊示意图。为了能够描述清楚多普勒模糊问题，图 5.2 中画了两个散射点，其中散射点 1 位于 $\omega_p=1/(4\cdot\mathrm{PRF})$ 处，散射点 2 位于 $\omega_p=-3/(4\cdot\mathrm{PRF})$ 处。图 5.2(a)所示为两个散射点的真实多普勒频率，由于散射点 2 的多普勒频率超出了 $-\mathrm{PRF}/2$，且刚好超出了 $-1/(4\cdot\mathrm{PRF})$，因此其多普勒模糊到 $1/(4\cdot\mathrm{PRF})$ 处，如图 5.2(b)所示。可以看出，当散射点 2 模糊到散射点 1 处时，它们具有相同的多普勒中心，但距离走动量是不同的。只有当散射点的多普勒模糊数精确已知时，才能正确地对多普勒模糊下的距离走动量进行补偿。

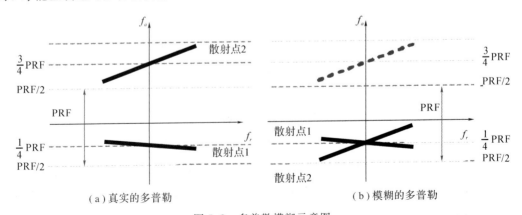

图 5.2 多普勒模糊示意图

在远场假设条件下，ISAR 目标可以认为是一系列散射点的和[29]。假设群目标回波中第 n 个距离单元的信号表示为 S_n，群目标中含有 I 个子目标，每个子目标中，散射点对应的信号模型仍可用式(5-5)表示，多普勒模糊下的群目标回波可写为

$$S_n = \sum_{i=1}^{I} \sum_{p=1}^{P_i} s_p(f_r, m) \tag{5-6}$$

其中，I 表示群目标含有的子目标个数，P_i 表示第 i 个子目标含有的散射点个数。

5.3　回波信号的稀疏分解

本节将详细介绍在信号域中对群目标的回波信号进行稀疏分解的方法。首先建立不同模糊数下的稀疏字典[181]，然后通过对代价函数的稀疏优化求解，能够精确估计出群目标中各散射点对应的参数集，包括多普勒模糊数、多普勒中心以及多普勒调频率。然后利用估计出的散射点参数集重构出不模糊的信号，同时完成距离走动校正。

5.3.1　多普勒模糊下的字典矩阵

注意到由于较低的 PRF 值，S_n 可以看作降采样后的信号。由压缩感知理论可知，S_n 应满足：

$$S_n = DQ + \sigma \tag{5-7}$$

其中，Q 表示需要恢复的信号，D 表示定义的稀疏冗余字典矩阵，σ 表示噪声。压缩感知理论指出，从 S_n 中恢复出 Q，D 必须满足 RIP 准则[181]：

$$(1-\delta_{k0})\|Q\|_2^2 \leqslant \|DQ\|_2^2 \leqslant (1+\delta_{k0})\|Q\|_2^2 \tag{5-8}$$

其中，$\delta_{k0} \in (0,1)$，$\|\cdot\|_2$ 表示 2 范数。RIP 准则本质上描述了字典矩阵中任意基向量之间都需要满足正交或者近似正交。由于随机的高斯矩阵和傅里叶矩阵满足 RIP 准则，因此压缩感知理论常常将这两种矩阵作为字典矩阵。考虑到群目标同时存在多普勒模糊和距离走动，因此本节建立改进的基向量：

$$d(\omega, \kappa, A_p) = C(\kappa) \odot F(\omega_A)$$

$$= \exp(-j\pi\kappa T^2) \odot \exp\left(-j2\pi \frac{f_r+f_c}{f_c}\omega_A T\right) \tag{5-9}$$

其中，$\odot$ 表示 Hadamard 乘积。$C(\kappa)$ 和 $F(\omega_A)$ 分别表示 Chirp 基和改进的 Fourier 基。T 可以表示为

$$T = \begin{bmatrix} 0 \\ 1 \\ \vdots \\ M-1 \end{bmatrix} \tag{5-10}$$

κ 的取值范围为

$$\kappa \in \left[-\frac{Y/2}{M^2}, \ -\frac{Y/2+1}{M^2}, \ \cdots, \ \frac{Y/2-1}{M^2}, \ \frac{Y/2}{M^2} \right] \tag{5-11}$$

其中，Y 是 κ 的搜索范围，其大小取决于目标的转动加速度及目标尺寸。由于 ISAR 观测对象常常是非合作目标，其转动加速度及尺寸在没有先验信息的情况下，通常很难获得，因此实际中 Y 的选取应该足够大到能够包含所有 Chirp 信号的频率分量。实际中可适当调整 κ 的搜索步长，以达到 κ 的最优估计。

式(5-9)中的 ω_A 是多普勒模糊数的函数，并且满足下式：

$$\omega_A = \omega + A_p \cdot \text{PRF} \tag{5-12}$$

且

$$\omega \in \left[0, \ \frac{1}{M}, \ \frac{2}{M}, \ \cdots, \ 1-\frac{1}{M} \right] \tag{5-13}$$

$$A_p \in [\cdots, \ -2, \ -1, \ 0, \ 1, \ 2\cdots] \tag{5-14}$$

一般情况下，群目标对应的瞬时多普勒带宽是 PRF 的一到两倍，因而多普勒频率仅仅模糊一到两倍，A_p 的取值范围由式(5-14)中表示的从负无穷到正无穷中的整数和零缩小为 $A_p \in [-2, \ -1, \ 0, \ 1, \ 2]$。

通过下式构造多普勒模糊情况下的稀疏字典矩阵：

$$\boldsymbol{D}(\omega, \kappa, A_p)$$
$$= \begin{bmatrix} \boldsymbol{d}\left(0+A_p \cdot \text{PRF}, -\frac{Y}{2}+1\right) & \boldsymbol{d}\left(0+A_p \cdot \text{PRF}, -\frac{Y}{2}+2\right) & \cdots & \boldsymbol{d}\left(0+A_p \cdot \text{PRF}, \frac{Y}{2}\right) \\ \boldsymbol{d}\left(\frac{1}{M}+A_p \cdot \text{PRF}, -\frac{Y}{2}+1\right) & \boldsymbol{d}\left(\frac{1}{M}+A_p \cdot \text{PRF}, -\frac{Y}{2}+2\right) & \cdots & \boldsymbol{d}\left(\frac{1}{M}+A_p \cdot \text{PRF}, \frac{Y}{2}\right) \\ \vdots & \vdots & & \vdots \\ \boldsymbol{d}\left(1-\frac{1}{M}+A_p \cdot \text{PRF}, -\frac{Y}{2}+1\right) & \boldsymbol{d}\left(1-\frac{1}{M}+A_p \cdot \text{PRF}, -\frac{Y}{2}+2\right) & \cdots & \boldsymbol{d}\left(1-\frac{1}{M}+A_p \cdot \text{PRF}, \frac{Y}{2}\right) \end{bmatrix} \tag{5-15}$$

不难理解，$\boldsymbol{D}(\omega, \kappa, A_p)$ 中基之间的正交性保证了其可以用作压缩感知的字典矩阵。当 $\boldsymbol{S}_n$ 的维度大小满足式(5-16)时：

$$M > o(k_0 \cdot \log M) \tag{5-16}$$

其中，k_0 表示 $\mathbf{Q}$ 中非零元素的个数。压缩感知理论表明，通过求解下式有约束的凸优化问题，可以大概率从 $\mathbf{S}_n$ 中恢复系数向量 $\mathbf{Q}$：

$$\hat{\mathbf{Q}} = \operatorname{argmin} \parallel \mathbf{Q} \parallel_1 s.t. \parallel \mathbf{S}_n - \mathbf{DQ} \parallel_2 \leqslant \varepsilon \tag{5-17}$$

其中，ε 表示噪声门限，可由仅含有噪声的距离单元估计出。

5.3.2　多普勒参数的估计

对群目标回波信号的稀疏分解，关键在于对其多普勒模糊数、多普勒中心和调频率的估计。对式（5-17）中的代价函数直接求解比较困难，常规求解算法通常存在精度不高（如贪婪算法）或运算量过大（如凸优化）等问题。本章采用同第四章相同的方法——改进的垂直匹配跟踪方法，通过引入快速傅里叶变换来提高求解效率。假设估计出的第一个 Chirp 信号为 s_1，其对应的多普勒模糊数为 A_1，当存在多普勒模糊时，其多普勒中心和调频率可以由下式得到：

$$\{\hat{\omega}_1, \hat{\kappa}_1, \hat{A}_1\} = \max_{\omega, \kappa, A_p}(\max(d(\omega, \kappa, A_p)^H \mathbf{S}_n)) \tag{5-18}$$

其中，$\{\hat{\omega}_1, \hat{\kappa}_1\}$ 分别表示估计的 s_1 的多普勒中心和调频率，$\hat{A}_1$ 表示 s_1 对应的多普勒模糊数。垂直匹配跟踪方法需要对字典矩阵 $\mathbf{D}(\omega, \kappa, A_p)$ 中所有元素进行遍历搜索来找到最大值对应的 $\{\hat{\omega}_1, \hat{\kappa}_1, \hat{A}_1\}$。由于字典矩阵的维度非常巨大，如果对字典矩阵中的每个元素遍历搜索，将会大大增加算法的运算复杂度，限制了算法在实际中的应用。注意到

$$\begin{aligned}
[d(\omega, \kappa, A_p)]^H \mathbf{S}_n &= [\mathbf{C}(\kappa) \odot \mathbf{F}(\omega, A_p)]^H \mathbf{S}_n = \mathbf{F}^H(\omega, A_p)[\mathbf{S}_n \odot \mathbf{C}(\kappa)] \\
&= [\mathbf{F}(\omega, 0) \odot \mathbf{F}(0, A_p)]^H[\mathbf{S}_n \odot \mathbf{C}(\kappa)] \\
&= \mathbf{F}^H(\omega, 0)[\mathbf{S}_n \odot \mathbf{F}(0, A_p) \odot \mathbf{C}(\kappa)]
\end{aligned} \tag{5-19}$$

实际上，$\mathbf{F}(\omega, 0)$ 是标准的傅里叶基，因而与第四章算法类似，利用快速傅里叶变换进一步提高算法的搜索效率。

$$\{\hat{\omega}_1, \hat{\kappa}_1, \hat{A}_1\} = \max(\max_{\hat{\omega}_1, \hat{\kappa}_1, \hat{A}_1}(\text{FFT}(\mathbf{S}_n \odot \mathbf{F}(0, A_p) \odot \mathbf{C}(\kappa)))) \tag{5-20}$$

采用快速傅里叶变换代替了垂直匹配跟踪方法的遍历求解，同时，A_p 取值范围的缩小能够较明显地提高算法的运算效率。假设 $\mathbf{C}(\kappa)$ 的维度为 M，$\text{FFT}(\mathbf{S}_n \odot \mathbf{F}(0, A_p) \odot \mathbf{C}(\kappa))$ 的运算复杂度近似为 $O(2M + M \operatorname{lb} M)$，本章算法的运算复杂度近似等于 $O(M^2(\operatorname{lb} M + 2))$，而正交匹配追踪方法的运算复杂度近似等于 $O(2M^3)$。运算复杂度的降低为实际应用提供了可能。

我们采用循环的方法提取出群目标中所有散射点对应的 Chirp 信号。为了能够得到所有散射点信号的参数集 $\{\hat{\omega}_p, \hat{\kappa}_p, \hat{A}_p\}$，首先需要利用估计得到的参数集 $\{\hat{\omega}_1, \hat{\kappa}_1, \hat{A}_1\}$ 重构出 s_1，从实际的回波数据中提取 s_1，然后从剩余信号中估计 s_2 的参数集 $\{\hat{\omega}_2, \hat{\kappa}_2, \hat{A}_2\}$，并且计算每次剩余信号的能量，如此循环直到剩余信号能量小于噪声能量则停止。在每次回波的起始段或者末段，噪声占了信号能量的主要部分，因此可以利用这些距离单元来估计噪声的能量。

利用下式可通过 $\{\hat{\omega}_1, \hat{\kappa}_1, \hat{A}_1\}$ 重构出 s_1：

$$s_1(f_r, m, \hat{A}_1) = [\boldsymbol{d}(\hat{\omega}_1, \hat{\kappa}_1, \hat{A}_1)^{\mathrm{H}} \boldsymbol{S}_n] \times \exp\left[-\mathrm{j}2\pi\left(\hat{\omega}_1 m + \frac{\hat{\kappa}_1 m^2}{2}\right)\right] \tag{5-21}$$

注意，此时的 $s_1(f_r, m, \hat{A}_1)$ 是包含多普勒模糊的。从 $\boldsymbol{S}_n$ 中提取出 s_1 后，剩余信号变为

$$\boldsymbol{S}_{re2} = \boldsymbol{S}_n - s_1 \tag{5-22}$$

第 p 个散射点信号 $\boldsymbol{s}_p$ 可以从下式估计：

$$\boldsymbol{s}_p(f_r, m, \hat{A}_p) = [\boldsymbol{d}(\hat{\omega}_p, \hat{\kappa}_p, \hat{A}_p)^{\mathrm{H}} \boldsymbol{S}_{\mathrm{rep}}] \times \exp\left[-\mathrm{j}2\pi\left(\hat{\omega}_p m + \frac{\hat{\kappa}_p m^2}{2}\right)\right] \tag{5-23}$$

其中，$\boldsymbol{S}_{\mathrm{rep}}$ 表示经过 $p-1$ 次循环后的剩余信号，$\hat{\omega}_p, \hat{\kappa}_p, \hat{A}_p$ 分别表示 $\boldsymbol{s}_p$ 的多普勒中心、多普勒调频率以及多普勒模糊数。

5.4 多普勒解模糊和距离走动校正

本节将介绍如何完成多普勒解模糊及距离走动校正。从图 5.2 可以看出，尽管多普勒模糊信号和非模糊信号具有相同的多普勒中心，但不同的多普勒模糊数对应的距离走动量却相差很大，因此直接对存在多普勒模糊的回波信号进行距离走动校正非常困难。然而，通过 5.3 节的方法，每个散射点对应的 Chirp 信号被精确地提取出来，同时其对应的参数集，包括多普勒中心、调频率，以及多普勒模糊数均精确已知，利用这些参数可以完成每个散射点信号的多普勒解模糊和距离走动校正，最后，将所有散射点信号相干叠加，就可以得到经过运动补偿后的、非模糊的群目标信号。

由 $\boldsymbol{s}_p$ 的有效转动引起的沿 LOS 上的距离变化量可以表示为

$$R_{\mathrm{rcm}} \approx \Omega_p t_m + \frac{1}{2} a_p t_m^2 \tag{5-24}$$

其中，R_{rcm}表示由转动引起的散射点在 LOS 上的瞬时距离变化量。式(5-24)中的 Ω_p 和 a_p 分别表示 s_p 对应的散射点的转动速度和加速度在 LOS 上的投影，当不存在多普勒模糊时，它们与相应的多普勒中心和调频率满足：

$$\Omega_p = \frac{\hat{\omega}_p \lambda M \cdot \text{PRF}}{2} \tag{5-25}$$

$$a_p = \frac{\hat{\kappa}_p \lambda M^2 \,(\text{PRF})^2}{2} \tag{5-26}$$

其中，$\{\hat{\omega}_p, \hat{\kappa}_p\}$可由式(5-20)估计得到。当存在多普勒模糊时，需要对估计得到的多普勒中心做一些修正：

$$\omega_{rp} = \hat{\omega}_p + \hat{A}_p \cdot \text{PRF} \tag{5-27}$$

其中，ω_{rp}表示散射点 s_p 真实的多普勒中心，$\hat{A}_p$ 表示其对应的多普勒模糊数。将 ω_{rp} 代入式(5-24)，得到不同模糊数下对应的距离变化量：

$$R_{rcm}(\hat{A}_p) \approx \frac{1}{2}(\hat{\omega}_1 + \hat{A}_p \cdot \text{PRF})\lambda M t_m \cdot \text{PRF} + \frac{1}{4}\hat{\kappa}_1 \lambda M^2 \,(\text{PRF})^2 t_m^2 \tag{5-28}$$

进而可得 s_p 的距离走动补偿函数：

$$H_1(\hat{A}_p) = \exp\left(\text{j}4\pi(f_r + f_c)\frac{R_{rcm}(\hat{A}_p)}{c}\right) \tag{5-29}$$

由参数集可以重构出非模糊的 s_{rp}：

$$s_{rp}(f_r, m, \hat{A}_p) = \left[\boldsymbol{d}\,(\hat{\omega}_p, \hat{\kappa}_p, \hat{A}_p)^{\text{H}}\,\boldsymbol{S}_n\right] \times$$
$$\exp\left\{-\text{j}2\pi\left([\hat{\omega}_p' + \hat{A}_p \cdot \text{PRF})m + \frac{1}{2}\hat{\kappa}_p m^2\right]\right\} \tag{5-30}$$

其中，s_{rp} 表示非模糊的信号。需要说明的是，这里进行了插值操作，m 的步长变为 $1/(2|\hat{A}_{max}|+1)$，$\hat{A}_{max}$ 表示估计得到的所有多普勒模糊数中的最大值。m 的取值范围变为

$$m \in \left[0, \frac{1}{2|\hat{A}_{max}|+1}, \cdots, M - \frac{1}{2|\hat{A}_{max}|+1}\right] \tag{5-31}$$

这里的 m 不再表示第 m 次脉冲，而表示经过插值处理后的图像位置。

通过下式完成非模糊信号的距离走动补偿：

$$s_{rp}(f_r, m) = s_{rp}(f_r, m, \hat{A}_p) \times H_p(\hat{A}_p) \tag{5-32}$$

假设经过 P' 次循环停止，经过解模糊和距离走动校正后的信号可以表示为

$$\boldsymbol{S}(f_r, m) = \sum_{p=1}^{P'} \boldsymbol{s}_{rp}(f_r, m) \tag{5-33}$$

由于 $S(f_r, m)$ 已经完成距离走动校正和多普勒解模糊处理，可以直接利用传统的成像方法，例如距离多普勒(Range Doppler，RD)方法或者时频成像方法，来获得群目标的高分辨非模糊图像。

5.5　算法流程

本节给出本章算法的流程图，如图 5.3 所示。

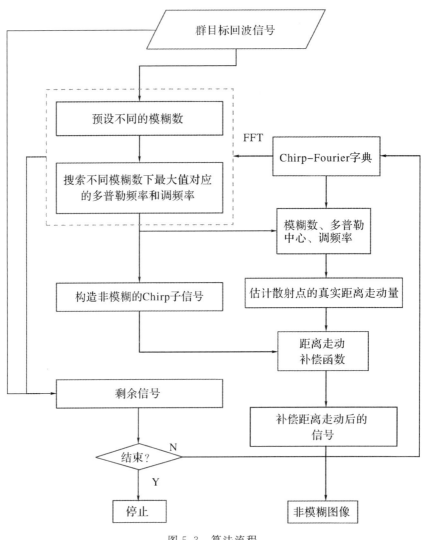

图 5.3　算法流程

本章算法首先需要预先设置不同的模糊数，其取值范围为 $A_p \in [-2, -1, 0, 1, 2]$。需要说明的是，这里 A_p 的取值范围不是固定不变的。对于群目标而言，一般只模糊一到两倍，故这里取 $A_p \in [-2, -1, 0, 1, 2]$。实际中，可以通过雷达的测量信息，预先计算群目标的瞬时多普勒带宽的大致范围，再由雷达的 PRF 判断 A_p 的取值区间。然后构造本章中提出的包含多普勒模糊数和距离方位一次耦合项的稀疏字典，通过搜索不同模糊数下最大值对应的多普勒频率和调频率，从回波信号中分离出散射点对应的 Chirp 信号。这里的 Chirp 信号参数集包含多普勒模糊数、多普勒中心和调频率。再从群目标的回波信号中分离出模糊的 Chirp 信号，得到剩余信号，依次循环直到剩余能量小于噪声能量。

利用得到的 Chirp 信号的参数集，可以重构出无模糊的群目标回波信号，同时完成距离走动校正。具体步骤为：首先根据估计出的参数集，计算出 Chirp 信号对应的真实的距离走动量，然后重构出非模糊的 Chirp 信号，并利用计算出的真实距离走动量对重构出的非模糊 Chirp 信号进行距离走动校正。当所有的散射点完成上述步骤后，将所有散射点信号相干叠加，得到群目标的非模糊、距离走动校正后的信号。再利用传统成像方法，获得群目标的非模糊高分辨图像。

5.6　仿真数据处理及结果分析

本节将利用仿真数据来验证本章算法的有效性，仿真飞机的散射点分布如图 5.4(a)所示，具体参数为：机长为 19.43 m，翼展为 13.03 m，机高为 5.68 m。仿真的部分雷达参数如表 5.1 所示。本次实验包含两部分，第一部分假设群目标为刚性群目标，第二部分假设群目标为非刚性群目标，仿真参数如表 5.2 所示。根据仿真雷达参数，可以计算出多普勒频率对应的观测范围为 $[-46\ \text{m}，46\ \text{m}]$。我们设置的群目标为 4 架如图 5.4(a)所示的飞机，其分布如图 5.4(b)所示。两侧飞机超出了多普勒频率对应的成像范围，因此回波信号出现多普勒模糊。

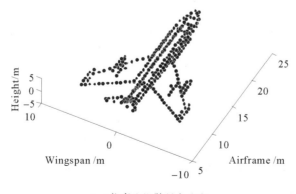

（a）仿真飞机散射点分布

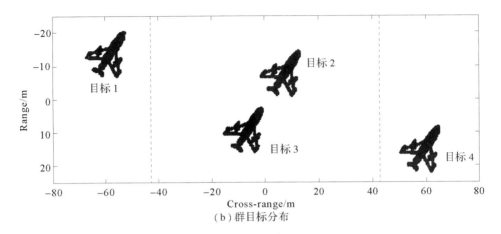

（b）群目标分布

图5.4 仿真数据散射点分布图

表5.1 部分仿真雷达参数

中心频率	9.5 GHz
脉冲宽度	60 μs
PRF	200 Hz
采样频率	13 MHz
信号带宽	2 GHz
方位转角	6°

表5.2 目标转动速度

目标类型	刚 性	非刚性
目标 1	0.0349 rad/s	0.0303 rad/s
目标 2	0.0349 rad/s	0.0582 rad/s
目标 3	0.0349 rad/s	0.0582 rad/s
目标 4	0.0349 rad/s	0.0314 rad/s

5.6.1 刚性群目标

首先利用刚性群目标实验数据,分析不同方法距离走动校正的性能。

图 5.5 画出了对仿真数据采用 Keystone 方法[190,206,207] 和本章方法校正距离走动后得到的目标一维距离像。图 5.5(b)所示为对数据采用 Keystone 方法校正距离走动后的结果。当多普勒模糊时,采用 Keystone 方法很难正确地校正距离走动,反而会使得模糊信号的距离走动更加严重。主要是因为多普勒模糊数据的距离走动斜率与不模糊数据的距离走动斜率相反,Keystone 方法根据不模糊数据的距离走动斜率来对整个数据进行处理,必然会导致模糊数据的距离走动更加严重。图 5.5(c)所示为采用本章方法校正距离走动后的结果,由于本章方法在信号域分解出每个散射点对应的信号,同时能够精确估计出每个信号的多普勒模糊数,然后再对分解出的信号进行多普勒解模糊和距离走动量校正,因而可以较好地完成整个数据的距离走动校正。

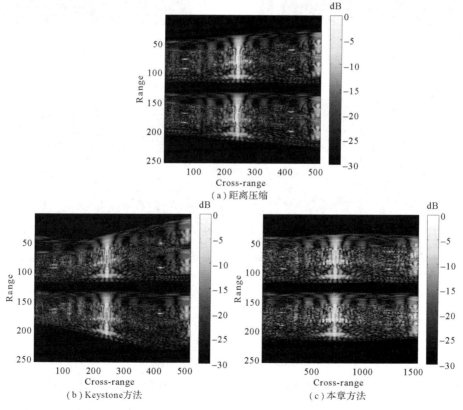

图 5.5　不同方法距离走动校正比较(刚性群目标)

　　图 5.6 所示为采用 RD 方法、Keystone-RD(Keystone RangeDoppler)方法以及本章方法得到的成像结果。图 5.6(a)为 RD 成像结果，图 5.6(b)为采用 Keystone-RD 方法校正走动后的成像结果。由于 Keystone 方法不能解决多普勒模糊下的距离走动问题，因而得到的图像不但不能正确反映目标的真实位置，而且目标 1 和目标 4 的图像比图 5.6(a)的模糊现象更加严重。

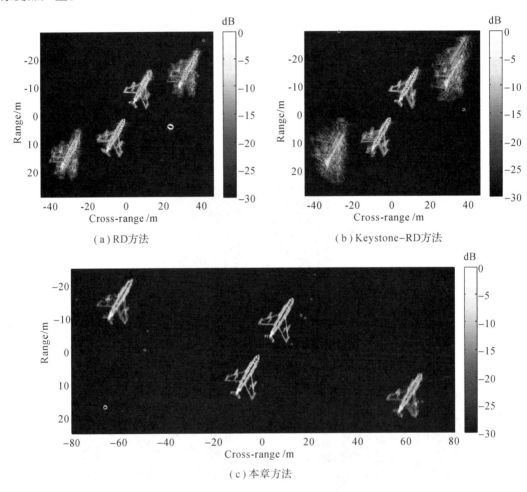

图 5.6　不同成像结果比较(刚性群目标)

　　图 5.6(c)为采用本章提出的方法得到的最终成像结果，与图 5.4 仿真数据散射点分布图一致，说明本章方法能够较好地解决刚性群目标的多普勒模糊和距离走动问题。

5.6.2 非刚性群目标

本节仿真实验数据为非刚性群目标。相比于5.6.1节,群目标中的各目标转动具有不同的转动速度,参数如表5.2所示。

图5.7所示为距离压缩后的目标一维距离像,其中5.7(a)所示为原始数据经过dechirp接收后的一维距离像,图5.7(b)所示为Keystone校正距离走动后的结果。从图中可以看出,与刚性群目标的情况类似,经过Keystone处理后,不但不能校正距离走动,反而使得信号中模糊分量的走动量更加明显。图5.7(c)所示为采用本章方法校正距离走动后的结果。

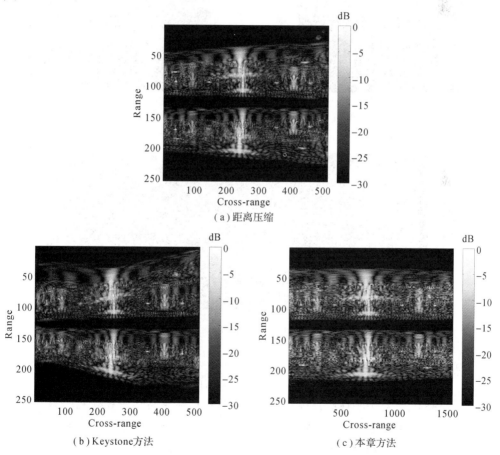

(a)距离压缩

(b)Keystone方法

(c)本章方法

图5.7 不同方法距离走动校正比较(非刚性群目标)

图 5.8 所示为采用与刚性群目标相同的三种方法得到的成像结果。可以看出，两侧的飞机由于存在多普勒模糊以及距离走动，无法得到聚焦的图像。图 5.8（b）所示为经过 Keystone 校正后的 RD 图像，由于经过 Keystone 校正后会加剧多普勒模糊部分的距离走动，因此两侧飞机的散焦也更加严重。图 5.8（c）所示为本章方法成像结果，图中目标的成像位置与仿真的位置一致，且聚焦精度高，说明本章方法对于非刚性群目标同样适用。

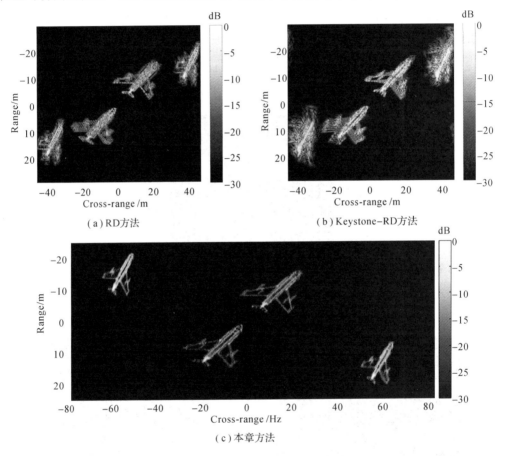

（a）RD方法　　　　　　　　　　（b）Keystone-RD方法

（c）本章方法

图 5.8　不同方法成像结果（非刚性群目标）

需要说明的是，对于刚性群目标，由于各子目标相对于雷达视线转角一致，因而成像处理后可采用统一的定标方法，如图 5.6 所示；而对于非刚性群目标，由于子目标之间存在相对运动，各子目标相对于雷达视线的转角各不相同，因而需要针对每个子目标做相应的定标处理。图 5.8 中并没有对非刚性群目标做统一的定标，因而其图像相对于图 5.4（b）存在一定的形变。对于 ISAR 的定标问题，本章不再讨论。

　　图 5.9 所示为不同信噪比下，采用传统 RD 方法、Keystone-RD 方法以及本章方法得到的图像熵曲线。图像熵的计算方法与 4.4.1 节中的计算方法相同。图 5.9(a)为三种方法对刚性群目标成像结果的图像熵曲线，图 5.9(b)为非刚性群目标的图像熵曲线。从图中可以看出，无论是刚性还是非刚性群目标，随着信噪比的提高，三种方法的图像熵均下降，说明信噪比对三种方法的性能有一定影响。在相同信噪比下，RD 方法性能优于 Keystone-RD 方法，而本章方法优于 RD 方法，说明本章方法对噪声有一定的容忍性。

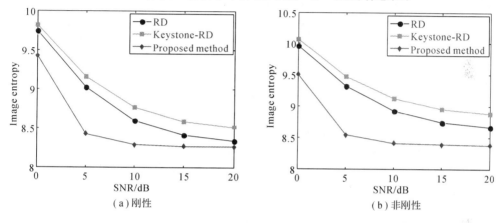

图 5.9　不同信噪比条件下的图像熵

5.7　本章小结

　　本章的研究目的是解决群目标的多普勒模糊问题，以及在多普勒模糊下的距离走动校正问题。本章主要以群目标为研究内容，实际上，多普勒模糊及其距离走动问题不仅出现在对群目标的 ISAR 成像中，对于大尺寸目标，例如国际空间站等，对其进行 ISAR 成像时也会出现类似问题，此外，包括强机动目标，相对于雷达视线转角过快的一系列目标，多普勒模糊及其距离走动也会出现。这一类问题是实际信号处理中经常遇到的问题，研究这类问题的求解，有一定的实际意义。

　　这类问题有个共同点：回波数据的多普勒带宽超出脉冲重复频率的范围。除了目标的运动特性外，ISAR 雷达为了追求远作用距离以及避免距离模糊也不得不降低 PRF。与第四章算法不同的是，本章提出的多普勒解模糊及距离走动校正方法中，构造了包含多普勒模糊和距离走动在内的字典矩阵，通过对代价函数的优化求解，可精确估计出群目标中每个散射点所对应的参数集，包含多普勒模糊数、多普勒中心和调频率。根据这些参数，可以从原始信号中精确提取出每个散射点信号，然后针对每个散射点，根据其对应的不同的多普勒模糊数和距离走动量进行解模糊和距离走动校正处理。最后，将补偿后的所有散射点信号相干叠加，得到非模糊的、距离走动精确校正的群目标数据，再采用现有的成像方法获得群目标非模糊高分辨图像。仿真数据验证了本章算法的有效性。

第六章　结论和展望

6.1　本书工作总结

　　雷达成像技术随着分辨率的不断提高，在越来越多的军用和民用领域发挥着重要的作用。本书围绕国家"973"计划课题"基于×××的 SAR 图像××方法研究"，以及"863"创新基金："××××××× ISAR 成像技术研究"项目，结合我军现阶段宽带雷达体制特点，研究高分辨雷达非模糊成像与运动补偿技术，以期改善现役雷达的成像质量。本书的主要研究成果总结如下：

　　第二章，在保持高精度的前提下，以提高现阶段相位误差校正效率为目标，建立了基于 2 -范数最大化的代价函数，通过对代价函数的优化求解，从而避免了特征值的分解过程，提高了算法的运算效率；同时，参考信噪比加权的思路，通过对不同距离单元赋予不同的权值，对信噪比高的特显点样本赋予较大的权值，对信噪比低的特显点样本赋予较低的权值，增强了高信噪比特显点样本对相位误差估计的贡献，改善了算法的相位误差估计精度。

　　第三章，以解决大斜视或宽波束下相位误差具有方位空变性的难题，建立了更具广泛性的方位相位误差参数化函数。现有的相位误差补偿方法，均假设相位误差的信号模型是慢时间的函数，没有考虑相位误差的方位空变性。当雷达的波束较宽或者雷达工作在大斜视时，这种假设不再成立。因而，对方位空变相位误差的补偿超出了现有方法的能力。本章利用对比度来衡量图像的聚焦精度，建立了以图像最大对比度为准则的代价函数，避免了子孔径数据的分割，通过对代价函数的优化求解可以使得图像达到最大的对比度，进而得到最优的聚焦图像。同时，由于不需要进行子孔径的划分，也避免了子孔径拼接产生的拼痕，仅需要很少的循环次数就可达到收敛精度。

　　第四章，以获得稀疏孔径机动目标的高分辨图像为目标。在平动补偿阶段，采用以最小熵为准则的包络对齐方法和以特征分解为准则的自聚焦方法。由于 ISAR 信号具有很强的稀疏性，通过稀疏约束函数的优化求解从稀疏信号中恢复出全孔径信号。考虑到平动补偿后，散射点的距离走动仍然存在，因此构造含有一次距离-方位耦合项的 Chirp - Fourier 基，然后在稀疏信号优化求解的过程中引入快速傅里叶变换，提高了算法的求解效率，同时精确估计并补偿每个散射点的距离走动量。重构出不含距离走动量的全孔径信号后，采用时频分析方法，消除时变多普勒频率在图像中引入的模糊，最终获得稀疏孔径下机动目标的高质量瞬时图像。

第五章，以解决群目标成像中的多普勒模糊及在多普勒模糊下的距离走动为目标，通过对回波信号的稀疏分解，获得群目标中所有散射点信号对应的参数集，包括多普勒模糊数、多普勒中心和调频率，然后精确补偿多普勒模糊下的距离走动，最终获得群目标的高分辨非模糊图像。首先建立了多普勒模糊下的群目标信号模型，然后利用稀疏信号分解的方法，精确提取出群目标中强散射点对应的 Chirp 信号。由于在建立稀疏字典的过程中考虑了多普勒模糊下的距离-方位耦合项，因而通过对信号的稀疏分解，可以精确估计出每个 Chirp 信号的多普勒模糊数，同时完成每个 Chirp 信号的解模糊处理。通过对群目标信号模型的分析可知，当多普勒中心相同时，多普勒模糊信号与非模糊信号具有不同的距离走动量，因此可利用估计出的多普勒模糊数计算出不同模糊数下的每个散射点的真实距离走动量，完成每个散射点的距离走动校正。待完成多普勒解模糊和距离走动校正处理后，采用传统的成像方法可获得群目标的非模糊高分辨图像。

第六章对全书工作进行了总结，并对未来的研究方向进行了展望。

6.2　研究展望

本书对雷达成像中的相位误差补偿、稀疏孔径高分辨成像、多普勒解模糊及在多普勒模糊下的距离走动校正等方面进行了研究，具有一定的参考意义，但仍然存在很多问题。以下对未来可能的研究方向做一展望：

（1）无人机的运动补偿问题。无人机由于平台的特殊性，对于运动补偿提出了更高的要求。今后雷达的带宽会越来越大，距离-方位二维耦合现象更为复杂，同时，运动误差对合成孔径阵列更为敏感，将表现出严重的空变特性，第二章对方位空变的相位误差做了一些研究，今后将对距离、方位二维空变的相位误差做进一步研究。

（2）组网雷达中的相干化问题。美国林肯实验室已经建立了林肯空间监视组合网系统。对于不同波段的雷达，如何精确地将两个不同波段的数据进行拼接，是个需要解决的问题。

即使是同一部雷达，将工作在不同波段的数据进行拼接也是个非常复杂的问题。一旦解决了不同波段之间的相干化问题，那么雷达分辨率将会有质的飞跃，但实现这一想法不仅仅是信号处理的问题，也对雷达系统的稳定性提出了更高的要求。

(3) ISAR 的三维成像问题。现在有一些 ISAR 三维成像的方法，其大致思想与 InSAR 思想类似。这里提出一种利用对目标不同角度的观测，来实现对目标的三维成像方法，这种方法不需要重新设计雷达系统，而是通过海量的数据支持，将不同角度的目标像进行融合，得到目标的伪三维图，为目标识别提供更加丰富的目标信息。这里需要考虑的不仅仅是图像处理问题，更多的是需要结合电磁散射机理的研究，根据不同角度的散射特点，反演出目标的真实结构。这仅仅是想法，实现起来难度较大。

(4) 复杂目标的特征提取问题。获得了高分辨率的 ISAR 图像后，如何从图像中提取出目标的有用信息是个值得研究的问题。例如对于空间目标，我们只对它的某些部件感兴趣，如太阳能板，能否精确地估计出太阳能板的尺寸、形状、指向甚至精细结构等问题，这样的研究更具有实际意义。

(5) 结合光学图像提高对目标的识别。雷达图像与光学图像有着很大的不同，由于信号的频率差异很大，使得雷达图像与日常中的光学图像有着明显的区别，对于没有进行过雷达成像研究的人员，极有可能看不懂雷达图像。雷达图像与光学图像相比有其优势，它除了工作环境可以全天时、全天候外，更重要的是，它可以反映光学图像看不见的目标特性，当然光学也有其优势，两者之间可以形成互补关系。今后，随着研究的深入，希望雷达成像领域与光学成像领域能够相互合作，共同提高现役装备对目标的识别能力。

参 考 文 献

[1] SKOLNIK M I. 雷达手册[M]. 王军，林强，译. 北京：机械工业出版社，2003.

[2] 张明友，汪学刚. 雷达系统[M]. 2版. 北京：电子工业出版社，2006.

[3] 丁鹭飞，耿富录. 雷达原理[M]. 西安：西安电子科技大学出版社，2001.

[4] RICHARDS M A. 雷达信号处理基础[M]. 刑孟道，等，译. 北京：电子工业出版社，2008.

[5] BARTON D K. Modern radar system analysis[M]. Norwood，MA，Artech House，1988.

[6] 保铮，刑孟道，王彤. 雷达成像技术[M]. 北京：电子工业出版社，2005.

[7] FRANCESCHETTI G，MIGLIACCIO M，RICCIO D，et al. SARAS：A synthetic aperture radar（SAR）raw signal simulator[J]. Geoscience and Remote Sensing，IEEE Transactions on，1992，30(1)：110 - 123.

[8] FRANCESCHETTI G，LANARI R. Synthetic aperture radar processing[M]. CRC press，1999.

[9] CURLANDER J C，MCDONOUGH R N. Synthetic aperture radar[M]. New York：John Wiley & Sons，1991.

[10] BROWN W M，PORCELLO L J. An introduction to synthetic-aperture radar[J]. Spectrum，IEEE，1969，6(9)：52 - 62.

[11] PRICKETT M J，CHEN C C. Principles of inverse synthetic aperture radar/ISAR/imaging [C] //Eascon Electronics & Aerospace Systems Conference，1980：340 - 345.

[12] WEHNER D R. High resolution radar[J]. Norwood，MA，Artech House，Inc，1987.

[13] SOUNEKH M. Synthetic aperture radar signal processing[M]. New York：Wiley，1999.

[14] CHAN Y K，KOO V C. An Introduction to Synthetic Aperture Radar (SAR)[J]. Progress In Electromagnetics Research B，2008.

[15] VAN VEEN B D，BUCKLEY K M. Beamforming：A versatile approach to spatial filtering[J]. IEEE assp magazine，1988，5(2)：4 - 24.

[16] BROWN W M. Synthetic aperture radar[J]. Aerospace and Electronic Systems，IEEE Transactions on，1967(2)：217 - 229.

[17] CUTRONA L J, LEITH E N, PORCELLO L J, et al. On the application of coherent optical processing techniques to synthetic-aperture radar[J]. Proceedings of the IEEE, 1966, 54(8): 1026 - 1032.

[18] TOMIYASU K. Tutorial review of synthetic-aperture radar (SAR) with applications to imaging of the ocean surface[J]. Proceedings of the IEEE, 1978, 66(5): 563 - 583.

[19] JUST D, BAMLER R. Phase statistics of interferograms with applications to synthetic aperture radar[J]. Applied optics, 1994, 33(20): 4361 - 4368.

[20] 张直中. 机载和星载合成孔径雷达导论[M]. 北京：电子工业出版社, 2004.

[21] 杨磊. 高分辨/宽测绘带 SAR 成像及运动补偿算法研究[D]. 西安：西安电子科技大学, 2012.

[22] 张磊. 高分辨 SAR/ISAR 成像及误差补偿技术研究[D]. 西安：西安电子科技大学, 2012.

[23] 孙光才. 多通道波速指向高分辨 SAR 和动目标成像技术[D]. 西安：西安电子科技大学, 2012.

[24] 吕孝雷. 机载多通道 SAR-GMTI 处理方法的研究[D]. 西安：西安电子科技大学, 2009.

[25] 魏钟铨. 合成孔径雷达卫星[M]. 北京：科学出版社, 2001.

[26] 秦玉亮, 王建涛, 王宏强, 等. 弹载合成孔径雷达技术研究综述[J]. 信号处理, 2009 (4): 630 - 635.

[27] CARRARA W G, GOODMAN R S, MAJEWSKI R M. Spotlight synthetic aperture radar: signal processing algorithms[M]. Artech House Boston, 1995.

[28] CUTRONA L J, VIVIAN W E, LEITH E N, et al. A High-Resolution Radar Combat-Surveillance System[J]. Military Electronics, IRE Transactions on, 1961 (2): 127 - 131.

[29] ZHANG L, XING M, QIU C, et al. Resolution enhancement for inversed synthetic aperture radar imaging under low SNR via improved compressive sensing[J]. Geoscience and Remote Sensing, IEEE Transactions on, 2010, 48(10): 3824 - 3838.

[30] ZHANG L, QIAO Z, XING M, et al. A robust motion compensation approach for UAV SAR imagery[J]. Geoscience and Remote Sensing, IEEE Transactions on, 2012, 50(8): 3202 - 3218.

[31] ZHANG L，SHENG J，XING M，et al. Wavenumber-domain autofocusing for highly squinted UAV SAR imagery[J]. Sensors Journal，IEEE，2012，12(5)：1574-1588.

[32] SUN G，XING M，WANG Y，et al. Sliding spotlight and TOPS SAR data processing without subaperture[J]. Geoscience and Remote Sensing Letters，IEEE，2011，8(6)：1036-1040.

[33] ZHOU F，XING M，BAI X，et al. Narrow-band interference suppression for SAR based on complex empirical mode decomposition[J]. Geoscience and Remote Sensing Letters，IEEE，2009，6(3)：423-427.

[34] SUN G，JIANG X，XING M，et al. Focus improvement of highly squinted data based on azimuth nonlinear scaling[J]. Geoscience and Remote Sensing，IEEE Transactions on，2011，49(6)：2308-2322.

[35] SUN G，XING M，XIA X，et al. Robust ground moving-target imaging using Deramp-Keystone processing[J]. Geoscience and Remote Sensing，IEEE Transactions on，2013，51(2)：966-982.

[36] LV X，BI G，WAN C，et al. Lv's distribution：principle，implementation，properties，and performance[J]. Signal Processing，IEEE Transactions on，2011，59(8)：3576-3591.

[37] 高昭昭. 高分辨 ISAR 成像新技术研究[D]. 西安：西安电子科技大学，2009.

[38] 邢孟道. 基于实测数据的雷达成像方法研究[D]. 西安：西安电子科技大学. 2002.

[39] 保铮，王根原. 逆合成孔径雷达的距离—瞬时多普勒成像方法[J]. 电子学报，1998，26(12)：79-83.

[40] 黄小红，姜卫东，邱兆坤，等. 基于时频的逆合成孔径雷达的距离—瞬时多普勒成像方法[J]. 国防科技大学学报，2002，24(6)：34-36.

[41] 王根原. 机动目标的逆合成孔径雷达成像研究[D]. 西安：西安电子科技大学，1998.

[42] 李军，邢孟道，张磊，等. 一种高分辨的稀疏孔径 ISAR 成像方法[J]. 西安电子科技大学学报，2010，37(3)：441-446.

[43] 刘磊，周峰，陶明亮，等. 太赫兹逆合成孔径雷达相位误差分析和补偿方法[J]. 强激光与粒子束，2013，25(6)：1469-1474.

[44] BERIZZI F，CORSINI G. Autofocusing of inverse synthetic aperture radar images using contrast optimization[J]. Aerospace and Electronic Systems，IEEE

Transactions on, 1996, 32(3): 1185 - 1191.

[45] BAO Z, WANG G, LUO L. Inverse synthetic aperture radar imaging of maneuvering targets[J]. Optical engineering, 1998, 37(5): 1582 - 1588.

[46] MARTORELLA M, PALMER J, HOMER J, et al. On bistatic inverse synthetic aperture radar[J]. Aerospace and Electronic Systems, IEEE Transactions on, 2007, 43(3): 1125 - 1134.

[47] KERSTEN P R, TOPORKOV J V, AINSWORTH T L, et al. Estimating surface water speeds with a single-phase center SAR versus an along - track interferometric SAR[J]. Geoscience and Remote Sensing, IEEE Transactions on, 2010, 48(10): 3638 - 3646.

[48] BRUNNER D, LEMOINE G, BRUZZONE L. Earthquake damage assessment of buildings using VHR optical and SAR imagery[J]. Geoscience and Remote Sensing, IEEE Transactions on, 2010, 48(5): 2403 - 2420.

[49] MASSONNET D, ROSSI M, CARMONA C, et al. The displacement field of the Landers earthquake mapped by radar interferometry[J]. Nature, 1993, 364(6433): 138 - 142.

[50] MASSONNET D, FEIGL K L. Radar interferometry and its application to changes in the Earth's surface[J]. Reviews of geophysics, 1998, 36(4): 441 - 500.

[51] XING M, JIANG X, WU R, et al. Motion compensation for UAV SAR based on raw radar data[J]. Geoscience and Remote Sensing, IEEE Transactions on, 2009, 47(8): 2870 - 2883.

[52] KRIEGER G, FIEDLER H, ZINK M, et al. The TanDEM-X mission: A satellite formation for high resolution SAR interferometry [J]. Geoscience & Remote Sensing IEEE Transactions on, 2007, 45(11):3317 - 3341.

[53] WANG G, XIA X, CHEN V C. Three-dimensional ISAR imaging of maneuvering targets using three receivers[J]. Image Processing, IEEE Transactions on, 2001, 10(3): 436 - 447.

[54] BAO Z, SUN C, XING M. Time-frequency approaches to ISAR imaging of maneuvering targets and their limitations[J]. Aerospace and Electronic Systems, IEEE Transactions on, 2001, 37(3): 1091 - 1099.

[55] BERIZZI F, MESE E D, DIANI M, et al. High-resolution ISAR imaging of

maneuvering targets by means of the range instantaneous Doppler technique: Modeling and performance analysis[J]. Image Processing, IEEE Transactions on, 2001, 10(12): 1880 - 1890.

[56] CHEN C, ANDREWS H C. Target-motion-induced radar imaging[J]. Aerospace and Electronic Systems, IEEE Transactions on, 1980(1): 2 - 14.

[57] WANG T, WANG X, CHANG Y, et al. Estimation of precession parameters and generation of ISAR images of ballistic missile targets[J]. Aerospace and Electronic Systems, IEEE Transactions on, 2010, 46(4): 1983 - 1995.

[58] GAO H, XIE L, WEN S, et al. Micro-Doppler signature extraction from ballistic target with micro-motions[J]. IEEE Transactions on Aerospace and Electronic Systems, 2010, 46(4): 1969 - 1982.

[59] LI R, VESSELIN P, JILKOV X. A Survey Of Maneuvering Target Tracking- Part Ii: Ballistic Target Models[C]. //Proc. spie Conf. on Signal & Data Processing of Small Targets, 2001:423 - 446.

[60] ZHANG Q, YEO T S, TAN H S, et al. Imaging of a moving target with rotating parts based on the Hough transform[J]. Geoscience and Remote Sensing, IEEE Transactions On, 2008, 46(1): 291 - 299.

[61] LI Y, WU R, XING M, et al. Inverse synthetic aperture radar imaging of ship target with complex motion[J]. IET Radar, Sonar & Navigation, 2008, 2(6): 395 - 403.

[62] YUAN C, CASASENT D. Composite filters for inverse synthetic aperture radar classification of small ships[J]. Optical Engineering, 2002, 41(1): 94 - 104.

[63] PALMER J, LONGSTAFF I D, Martorella M, et al. ISAR imaging using an emulated multistatic radar system[J]. Aerospace and Electronic Systems, IEEE Transactions on, 2005, 41(4): 1464 - 1472.

[64] WANG W, CAI J, PENG Q. Near-space SAR: a revolutionary microwave remote sensing mission[C]. //Asian and Pacific Conference on Synthetic Aperture Radar. IEEE, 2007:127 - 131.

[65] QUARTULLI M, DATCU M. Bayesian model based city reconstruction from high resolution ISAR data[C]. //Remote Sensing and Data Fusion Over Urban Areas,

IEEE/ISPRS Joint Workshop，2001：58－63.

[66] 白雪茹，金海渡，陈士超，等. 空天目标逆合成孔径雷达成像新方法研究[J]. 西安电子科技大学学报，2011，201(3)：1.

[67] ELACHI C，BICKNELL T，JORDAN R L，et al. Spaceborne synthetic-aperture imaging radars：Applications，techniques，and technology[J]. Proceedings of the IEEE，1982，70(10)：1174－1209.

[68] CURLANDER J C. Utilization of spaceborne SAR data for mapping[J]. Geoscience and Remote Sensing，IEEE Transactions on，1984(2)：106－112.

[69] CIMINO J，ELACHI C，SETTLE M. SIR-B-The second shuttle imaging radar experiment[J]. Geoscience and Remote Sensing，IEEE Transactions on，1986(4)：445－452.

[70] 孙佳. 国外合成孔径雷达卫星发展趋势分析[J]. 装备指挥技术学院学报，2007，18(1)：67－70.

[71] FRANSSON J，WALTER F，OLSSON H. Identification of clear felled areas using SPOT P and Almaz-1 SAR data[J]. International Journal of Remote Sensing，1999，20(18)：3583－3593.

[72] IVANOV A Y，GINZBURG A I. Oceanic eddies in synthetic aperture radar images [J]. Journal of Earth System Science，2002，111(3)：281－295.

[73] FRAPPART F，CALMANT S，CAUHOPÉ M，et al. Preliminary results of ENVISAT RA-2-derived water levels validation over the Amazon basin[J]. Remote Sensing of Environment，2006，100(2)：252－264.

[74] SIMARD M，SAATCHI S S，DE G G. The use of decision tree and multiscale texture for classification of JERS-1 SAR data over tropical forest[J]. Geoscience and Remote Sensing，IEEE Transactions on，2000，38(5)：2310－2321.

[75] ROSENQVIST A，SHIMADA M，ITO N，et al. ALOS PALSAR：A pathfinder mission for global-scale monitoring of the environment[J]. Geoscience and Remote Sensing，IEEE Transactions on，2007，45(11)：3307－3316.

[76] JEZEK K C. Glaciological properties of the Antarctic ice sheet from RADARSAT-1 synthetic aperture radar imagery [J]. Annals of Glaciology，1999，29（1）：286－290.

[77] MORENA L C, JAMES K V, Beck J. An introduction to the RADARSAT-2 mission [J]. Canadian Journal of Remote Sensing, 2004, 30(3): 221－234.

[78] COVELLO F, BATTAZZA F, COLETTA A, et al. COSMO-SkyMed an existing opportunity for observing the Earth[J]. Journal of Geodynamics, 2010, 49(3): 171－180.

[79] MALENOVSKÝZ, ROTT H, CIHLAR J, et al. Sentinels for science: Potential of Sentinel－1, －2, and－3 missions for scientific observations of ocean, cryosphere, and land[J]. Remote Sensing of Environment, 2012, 120: 91－101.

[80] MOREIRA A, KRIEGER G, HAJNSEK I, et al. TanDEM-X: a TerraSAR-X add-on satellite for single-pass SAR interferometry [C]. //IEEE International Geoscience and Remote Sensing Symposium. IEEE, 2004:1000－1003.

[81] WAHL T, HOYE G K, LYNGVI A, et al. New possible roles of small satellites in maritime surveillance[J]. Acta Astronautica, 2005, 56(1): 273－277.

[82] SOLBERG A H S, BREKKE C, OVE H P. Oil spill detection in Radarsat and Envisat SAR images[J]. Geoscience and Remote Sensing, IEEE Transactions on, 2007, 45(3): 746－755.

[83] HENRY J B, CHASTANET P, Fellah K, et al. Envisat multi - polarized ASAR data for flood mapping[J]. International Journal of Remote Sensing, 2006, 27(10): 1921－1929.

[84] MOUCHE A A, HAUSER D, DALOZE J, et al. Dual-polarization measurements at C-band over the ocean: Results from airborne radar observations and comparison with ENVISAT ASAR data [J]. Geoscience and Remote Sensing, IEEE Transactions on, 2005, 43(4): 753－769.

[85] PATHE C, WAGNER W, SABEL D, et al. Using ENVISAT ASAR global mode data for surface soil moisture retrieval over Oklahoma, USA[J]. Geoscience and Remote Sensing, IEEE Transactions on, 2009, 47(2): 468－480.

[86] SHIMADA M, MURAKI Y, OTSUKA Y. Discovery of anomalous stripes over the Amazon by the PALSAR onboard ALOS satellite[J]. Proc. IEEE IGARSS, 2008: 387－390.

[87] TAKAKU J, FUTAMURA N, LIJIMA T, et al. High resolution DEM generation

from ALOS PRISM data-Simulation and Evaluation［C］. //IEEE International Geoscience and Remote Sensing Symposium. IEEE，2004:4548 - 4551.

［88］ ROSENQVIST A, SHIMADA M, ITO N, et al. ALOS PALSAR: A pathfinder mission for global-scale monitoring of the environment［J］. Geoscience and Remote Sensing, IEEE Transactions on, 2007, 45(11): 3307 - 3316.

［89］ FRANSSON J E, MAGNUSSON M, OLSSON H, et al. Detection of forest changes using ALOS PALSAR satellite images［C］. //IEEE International Geoscience and Remote Sensing Symposium. IEEE,2007:2330 - 2333.

［90］ RIGNOT E. Changes in West Antarctic ice stream dynamics observed with ALOS PALSAR data［J］. Geophysical Research Letters, 2008, 35(12).

［91］ WERNINGHAUS R, BUCKREUSS S, PITZ W. Terrasar-X Mission Status［C］. // IEEE. Geoscience and Remote Sensing Symposium. Piscataway: IEEE, 2007: 3927 - 3930.

［92］ BUCKREUSS S, BALZER W, MUHLBAUER P, et al. The TerraSAR-X satellite project［J］. IEEE International Geoscience and Remote Sensing Symposium, 2003, 5:3096 - 3098.

［93］ MITTERMAYER J, SCHATTLER B, YOUNIS M. TerraSAR-X Commissioning Phase Execution Summary［J］. Geoscience and Remote Sensing, IEEE Transactions on, 2010, 48(2): 649 - 659

［94］ YU A W, NOVO-GRADAC A M, SHAW G B, et al. Laser transmitter for the lunar orbit laser altimeter (LOLA) instrument［C］. // IET. Quantum Electronics and Laser Science. San Jose: IET, 2008:1 - 2.

［95］ YU A W, NOVO-GRADAC A M, SHAW G B, et al. The lunar orbiter laser altimeter (LOLA) laser transmitter［J］. 2008.

［96］ GOSWAMJ J N, ANNADURAI M. Chandrayaan-1: India's first planetary science mission to the moon［J］. Curr. Sci, 2009, 96(4): 486 - 491.

［97］ SPUDIS P, NOZETTE S, BUSSEY B, et al. Mini-SAR: an imaging radar experiment for the Chandrayaan-1 mission to the Moon［J］. Curr. Sci, 2009, 96(4): 533 - 539.

［98］ HOEKMAN D H, QUIRIONES M J. Land cover type and biomass classification using AirSAR data for evaluation of monitoring scenarios in the Colombian Amazon

[J]. Geoscience and Remote Sensing, IEEE Transactions on, 2000, 38（2）: 685 – 696.

[99] TSUNODA S I, PACE F, STENCE J, et al. Lynx: A high-resolution synthetic aperture radar[C]. //IEEE Aerospace Conference. IEEE, 2000:51 – 58.

[100] ZARE A, BOLTON J, GADER P, et al. Vegetation mapping for landmine detection using long-wave hyperspectral imagery[J]. Geoscience and Remote Sensing, IEEE Transactions on, 2008, 46(1): 172 – 178.

[101] DABBIRU L, AANSTOOS J V, YOUNAN N H. Comparison of L-band and X-band polarimetric SAR data classification for screening earthen levees[C]. //IEEE. International Geoscience and Remote Sensing Symposium. Piscataway: IEEE, 2014:2723 – 2726.

[102] GUILLASO S, FERRO-FAMIL L, REIGBER A, et al. Building characterization using L-band polarimetric interferometric SAR data[J]. Geoscience and Remote Sensing Letters, IEEE, 2005, 2(3): 347 – 351.

[103] HORN R. The DLR airborne SAR project E-SAR[C]. //International Geoscience and Remote Sensing Symposium. IEEE, 1996:1624 – 1628.

[104] RODRIGUEZ-CASSOLA M, BAUMGARTNER S V, KRIEGER G, et al. Bistatic TerraSAR-X/F-SAR spaceborne-airborne SAR experiment: description, data processing, and results[J]. Geoscience and Remote Sensing, IEEE Transactions on, 2010, 48(2): 781 – 794.

[105] ENDER J, BRENNER A R. PAMIR-a wideband phased array SAR/MTI system [J]. IET Radar Sonar & Navigation, 2003, 150(3):165 – 172.

[106] BRENNER A R, ENDER J. Demonstration of advanced reconnaissance techniques with the airborne SAR/GMTI sensor PAMIR [J]. IET radar, Sonar and Navigation, 2006, 153(2):152 – 162.

[107] REMY M A, D K, MOREIRAK A C. The first UAV-based P- and X-band interferometric SAR system[C]. //IEEE. International Geoscience and Remote Sensing Symposium, Piscataway: IEEE, 2012: 5041 – 5044.

[108] FANG J, GONG X. Predictive Iterated Kalman Filter for INS/GPS Integration and Its Application to SAR Motion Compensation [J]. Instrumentation &

Measurement IEEE Transactions on, 2010, 59(4):909 - 915.

[109] GEBERT N, ALMEIDA F Q, KRIEGER G. Airborne demonstration of multichannel SAR imaging[J]. Geoscience and Remote Sensing Letters, IEEE, 2011, 8 (5): 963 - 967.

[110] WALTERSCHEID I, ESPETER T, BRENNER A R, et al. Bistatic SAR experiments with PAMIR and TerraSAR-X—setup, processing, and image results[J]. Geoscience and Remote Sensing, IEEE Transactions on, 2010, 48(8): 3268 - 3279.

[111] AVENT R K, SHELTON J D, BROWN P. The ALCOR C-band imaging radar [J]. Antennas and Propagation Magazine, IEEE, 1996, 38(3): 16 - 27.

[112] ABOUZAHRA M D, AVENT R K. The 100-kW millimeter-wave radar at the Kwajalein Atoll[J]. Antennas and Propagation Magazine, IEEE, 1994, 36(2): 7 - 19.

[113] HELMKEN H F. Low-grazing-angle radar backscatter from the ocean surface[J]. IET Radar & Signal Processing, 1990, 137(2):113 - 117.

[114] DELANEY W P, WARD W W. Radar development at Lincoln Laboratory: an overview of the first fifty years[J]. Lincoln Laboratory Journal, 2000, 12(2): 147 - 166.

[115] MUSCH T. A high precision 24-GHz FMCW radar based on a fractional-N ramp-PLL[J]. Instrumentation & Measurement IEEE Transactions on, 2002, 52(2): 324 - 327.

[116] INGWERSEN P A, LEMNIOS W Z. Radars for ballistic missile defense research [J]. Lincoln Laboratory Journal, 2000, 12(2): 245 - 266.

[117] DAI F, WANG P, LIU H, et al. Detection performance comparison for wideband and narrowband radar in noise[J]. IEEE Radar Conference, 2010, 32 (8): 794 - 798.

[118] JIANG C, WANG B. Atmospheric refraction corrections of radiowave propagation for airborne and satellite-borne radars[J]. Science in China, 2001, 44 (3): 280 - 290.

[119] SANGIOLO T L, SPENCE L B. PACS: a processing and control system for the Haystack long range imaging radar[C]. //IEEE. Record of the IEEE 1990

International Radar Conference. Piscataway:IEEE, 1990:480 - 485.

[120] BROMAGHIM D R, PERRY J P. A wideband linear FM ramp generator for the long-range imaging radar [J]. Microwave Theory and Techniques, IEEE Transactions on, 1978, 26(5): 322 - 325.

[121] STOKELY C L, FOSTER J L, STANSBERY E G, et al. Haystack and HAX radar measurements of the orbital debris environment, 2003 [J]. JSC - 62815. 2006.

[122] Haystack ultrawideband satellite imaging radar (HUSIR)[C].//Vacuum Electronics Conference, 2006 held Jointly with 2006 IEEE International Vacuum Electron Sources., IEEE International, IEEE, 2006:551 - 552.

[123] ALARCÓN J R, KLINKRAD H, CUESTA J, et al. Independent orbit determination for collision avoidance[C]. 2005.

[124] MEHRHOLZ D. Radar observations in low earth orbit[J]. Advances in Space Research, 1997, 19(2): 203 - 212.

[125] KLINKRAD H. Monitoring Space-Efforts Made by European Countries[C]. 2002.

[126] ALARCÓN-RODRIGUEZ J R, Martınez-Fadrique F M, Klinkrad H. Development of a collision risk assessment tool [J]. Advances in Space Research, 2004, 34 (5): 1120 - 1124.

[127] STEIN K J. Cobra Judy Phased Array Radar Tested[J]. Aviation Week and Space Technology, 1981: 70 - 73.

[128] CAMP W W, MAYHAN J T, O'DONNELL R M. Wideband radar for ballistic missile defense and range-Doppler imaging of satellites[J]. Lincoln Laboratory Journal, 2000, 12(2): 267 - 280.

[129] BROOKNER E. Phased-array and radar breakthroughs[C]. //International Conference on Radar. IEEE, 2007: 37 - 42.

[130] CUOMO K M, PION J E, MAYHAN J T. Ultrawide-band coherent processing [J]. Antennas and Propagation, IEEE Transactions on, 1999, 47 (6): 1094 - 1107.

[131] MAYHAN J T, O'DONNELL R M, WILLNER D. COBRA Gemini Radar[C]. //IEEE. National Radar Conference. Piscataway: IEEE, 1996:380 - 385.

[132] JIANG R, ZHU D, SHEN M, et al. Synthetic aperture radar autofocus based on projection approximation subspace tracking[J]. IET Radar, Sonar & Navigation, 2012, 6(6): 465 - 471.

[133] SCHULZ T J. Optimal sharpness function for SAR autofocus[J]. Signal Processing Letters, IEEE, 2007, 14(1): 27 - 30.

[134] ZHANG L, QIAO Z, XING M, et al. A robust motion compensation approach for UAV SAR imagery[J]. Geoscience and Remote Sensing, IEEE Transactions on, 2012, 50(8): 3202 - 3218.

[135] WAHL D E, EICHEL P H, GHIGLIA D C, et al. Phase gradient autofocus-a robust tool for high resolution SAR phase correction[J]. Aerospace and Electronic Systems, IEEE Transactions on, 1994, 30(3): 827 - 835.

[136] YE W, YEO T S, BAO Z. Weighted least-squares estimation of phase errors for SAR/ISAR autofocus[J]. Geoscience and Remote Sensing, IEEE Transactions on, 1999, 37(5): 2487 - 2494.

[137] JAKOWATZ J C V, WAHL D E. Eigenvector method for maximum: likelihood estimation of phase errors in synthetic-aperture-radar imagery[J]. JOSA A, 1993, 10(12): 2539 - 2546.

[138] 王琦. 空间目标 ISAR 成像的研究[D]. 西安: 西安电子科技大学, 2007.

[139] ZHU D, WANG L, YU Y, et al. Robust ISAR range alignment via minimizing the entropy of the average range profile[J]. Geoscience and Remote Sensing Letters, IEEE, 2009, 6(2): 204 - 208.

[140] LI Y, LIU C, WANG Y, et al. A robust motion error estimation method based on raw data[J]. Geoscience and Remote Sensing, IEEE Transactions on, 2012, 50(7): 2780 - 2790.

[141] MAO X, ZHU D, ZHU Z. Autofocus correction of APE and residual RCM in spotlight SAR polar format imagery[J]. Aerospace and Electronic Systems, IEEE Transactions on, 2013, 49(4):2693 - 2706.

[142] SJOGREN T K, VU V T, PETTERSSON M I, et al. Moving target relative speed estimation and refocusing in synthetic aperture radar images[J]. Aerospace and Electronic Systems, IEEE Transactions on, 2012, 48(3): 2426 - 2436.

[143] VAN R W L, OFTEN M, VAN B R. Extended PGA for range migration algorithms [J]. IEEE transactions on aerospace and electronic systems, 2006, 42(2): 478 - 488.

[144] XI L, GUOS L, NI J. Autofocusing of ISAR images based on entropy minimization[J]. Aerospace and Electronic Systems, IEEE Transactions on, 1999, 35(4): 1240 - 1252.

[145] STEINBERG B D. Microwave imaging of aircraft[J]. Proceedings of the IEEE, 1988, 76(12): 1578 - 1592.

[146] MARTORELLA M, BERIZZI F, HAYWOOD B. Contrast maximisation based technique for 2-D ISAR autofocusing [J]. IEE Proceedings-Radar, Sonar and Navigation, 2005, 152(4): 253 - 262.

[147] SAMCZYNSKI P, KULPA K S. Coherent mapdrift technique[J]. Geoscience and Remote Sensing, IEEE Transactions on, 2010, 48(3): 1505 - 1517.

[148] GONZÁLEZ-PARTIDA J, ALMOROX-GONZÁLEZ P, BURGOS-GARCÍA M, et al. SAR system for UAV operation with motion error compensation beyond the resolution cell[J]. Sensors, 2008, 8(5): 3384 - 3405.

[149] KOLMAN J. Continuous phase corrections applied to SAR imagery[C]. // IEEE International Radar Conference. IEEE, 2009:1 - 5.

[150] KOLMAN J. PACE: An autofocus algorithm for SAR[C]. //IEEE International Radar Conference. IEEE, 2005:310 - 314.

[151] SHANNO D F, PHUA K. Remark on "Algorithm 500: Minimization of unconstrained multivariate functions [e4]" [J]. ACM Transactions on Mathematical Software (TOMS), 1980, 6(4): 618 - 622.

[152] WANG G, XIA X. An adaptive filtering approach to chirp estimation and ISAR imaging of maneuvering targets [C]. //IEEE International Radar Conference. IEEE, 2000:481 - 486.

[153] PENG S, XU J, PENG Y, et al. Parametric inverse synthetic aperture radar manoeuvring target motion compensation based on particle swarm optimiser[J]. Radar, Sonar & Navigation, IET, 2011, 5(3): 305 - 314.

[154] LI Z, NARAYANAN R M. Manoeuvring target motion parameter estimation for ISAR image fusion[J]. IET Signal Processing, 2008, 2(3): 325 - 334.

[155] HERD J, DUFFY S, CARLSON D, et al. Low cost multifunction phased array

radar concept[C]. //IEEE International Symposium on Phased Array Systems and Technology. IEEE, 2010:457 - 460.

[156] BON N, HAJDUCH G, KHENCHAF A, et al. Recent developments in detection, imaging and classification for airborne maritime surveillance[J]. IET Signal Processing, 2008, 2(3): 192 - 203.

[157] LIU Z, WU R, LI J. Complex ISAR imaging of maneuvering targets via the Capon estimator [J]. Signal Processing, IEEE Transactions on, 1999, 47 (5): 1262 - 1271.

[158] LARSSON E G, STOICA P, LI J. Amplitude spectrum estimation for two — dimensional gapped data[J]. Signal Processing, IEEE Transactions on, 2002, 50 (6): 1343 - 1354.

[159] LARSSON E G, LI J. Spectral analysis of periodically gapped data[J]. Aerospace and Electronic Systems, IEEE Transactions on, 2003, 39(3): 1089 - 1097.

[160] LI H, FARHAT N H, SHEN Y. A new iterative algorithm for extrapolation of data available in multiple restricted regions with application to radar imaging[J]. Antennas and Propagation, IEEE Transactions on, 1987, 35(5): 581 - 588.

[161] CABRERA S D, PARKS T W. Extrapolation and spectral estimation with iterative weighted norm modification[J]. Signal Processing, IEEE Transactions on, 1991, 39(4): 842 - 851.

[162] XU X, FENG X. SAR/ISAR imagery from gapped data: maximum or minimum entropy? [C]. //IEEE Antennas and Propagation Society International Symposium. IEEE, 2005:668 - 671.

[163] SHENG J, ZHANG L, XU G, et al. Coherent processing for ISAR imaging with sparse apertures [J]. Science China Information Sciences, 2012, 55 (8): 1898 - 1909.

[164] CETIN M, MOSES R L. SAR imaging from partial—aperture data with frequency-band omissions [C]. //IEEE. Signal Processing and Communications Applications. Piscataway: IEEE, 2006:1 - 4.

[165] ZHANG B, HONG W, WU Y. Sparse microwave imaging: Principles and applications [J]. Science China Information Sciences, 2012, 55(8): 1722 - 1754.

[166] ONHON N O, CETIN M. A Sparsity-Driven Approach for Joint SAR Imaging and Phase Error Correction[J]. Image Processing IEEE Transactions on, 2012, 21(4): 2075-2088.

[167] ENDER J H. Autofocusing ISAR images via sparse representation[C]. //European Conference on Synthetic Aperture Radar. VDE, 2012:203-206.

[168] RAO W, LI G, WANG X, et al. Adaptive Sparse Recovery by Parametric Weighted L Minimization for ISAR Imaging of Uniformly Rotating Targets[J]. Selected Topics in Applied Earth Observations and Remote Sensing, IEEE Journal of, 2013, 6(2): 942-952.

[169] BARANIUK R, STEEGHS P. Compressive radar imaging[C]. //IEEE Radar Conference. IEEE, 2007:128-133.

[170] TROPP J A. Greed is good: Algorithmic results for sparse approximation[J]. Information Theory, IEEE Transactions on, 2004, 50(10): 2231-2242.

[171] WU L, WEI X, YANG D, et al. ISAR imaging of targets with complex motion based on discrete chirp Fourier transform for cubic chirps[J]. Geoscience and Remote Sensing, IEEE Transactions on, 2012, 50(10): 4201-4212.

[172] WANG Y, JIANG Y. ISAR imaging of a ship target using product high-order matched-phase transform[J]. Geoscience and Remote Sensing Letters, IEEE, 2009, 6(4): 658-661.

[173] WANG G, BAO Z. Inverse synthetic aperture radar imaging of maneuvering targets based on chirplet decomposition[J]. Optical Engineering, 1999, 38(9): 1534-1541.

[174] CHEN V C, LING H. Time-frequency transforms for radar imaging and signal analysis [M]. Artech House, 2001.

[175] WANG Y, LING H, CHEN V C. ISAR motion compensation via adaptive joint time-frequency technique [J]. Aerospace and Electronic Systems, IEEE Transactions on, 1998, 34(2): 670-677.

[176] THAYAPARAN T, LAMPROPOULOS G, WONG S K, et al. Application of adaptive joint time-frequency algorithm for focusing distorted ISAR images from simulated and measured radar data[J]. IET Radar Sonar & Navigation, 2003, 150(4): 213-220.

[177] ZHU D, YU X, ZHU Z. Algorithms for compressed ISAR autofocusing[C]. //IEEE International Conference on Radar. IEEE, 2011: 533 – 536.

[178] WANG J, KASILINGAM D. Global range alignment for ISAR[J]. Aerospace and Electronic Systems, IEEE Transactions on, 2003, 39(1): 351 – 357.

[179] CANDÈS E J, ROMBERG J, TAO T. Robust uncertainty principles: Exact signal reconstruction from highly incomplete frequency information [J]. Information Theory, IEEE Transactions on, 2006, 52(2): 489 – 509.

[180] CANDES E J, TAO T. NearV-optimal signal recovery from random projections: Universal encoding strategies? [J]. Information Theory, IEEE Transactions on, 2006, 52(12): 5406 – 5425.

[181] DONOHO D L. Compressed sensing[J]. Information Theory, IEEE Transactions on, 2006, 52(4): 1289 – 1306.

[182] TROPP J A, Gilbert A C. Signal recovery from random measurements via orthogonal matching pursuit[J]. Information Theory, IEEE Transactions on, 2007, 53(12): 4655 – 4666.

[183] NEEDELL D, VERSHYNIN R. Uniform uncertainty principle and signal recovery via regularized orthogonal matching pursuit [J]. Foundations of computational mathematics, 2009, 9(3): 317 – 334.

[184] LIU J, LI X, XU S, et al. ISAR imaging of non-uniform rotation targets with limited pulses via compressed sensing[J]. Progress In Electromagnetics Research B, 2012, 41: 285 – 305.

[185] ZHANG L, QIAO Z, XING M, et al. High-resolution ISAR imaging by exploiting sparse apertures[J]. Antennas and Propagation, IEEE Transactions on, 2012, 60(2): 997 – 1008.

[186] KRAGH T J. Monotonic iterative algorithm for minimum-entropy autofocus[J]. Proc of Adaptive Sensor Array Processing Workshop, 2006.

[187] STURM J F. Using SeDuMi 1.02, a MATLAB toolbox for optimization over symmetric cones [J]. Optimization methods and software, 1999, 11(1 – 4): 625 – 653.

[188] GRANT M, BOYD S, YE Y. CVX: Matlab software for disciplined convex

programming[Z]. 2008.

[189] PERRY R P, DIPIETRO R C, Fante R. SAR imaging of moving targets[J]. Aerospace and Electronic Systems, IEEE Transactions on, 1999, 35 (1): 188 – 200.

[190] XING M, WU R, LAN J, et al. Migration through resolution cell compensation in ISAR imaging[J]. Geoscience and Remote Sensing Letters, IEEE, 2004, 1(2): 141 – 144.

[191] DOERRY A W. Autofocus correction of excessive migration in synthetic aperture radar images[M]. United States: Department of Energy, 2004.

[192] YIN F M, GUO A C, JUN F W. SAR/ISAR imaging of multiple moving targets based on combination of WVD and HT[C]. //International Conference on Radar, IEEE, 1996: 342 – 345.

[193] YAMAMOTO K, IWAMOTO M, FUJISAKA T, et al. An ISAR imaging algorithm for multiple targets of different radial velocity[J]. Electronics and Communications in Japan (Part I: Communications), 2003, 86(7): 1 – 10.

[194] CHEN W, XING M. An ISAR imaging algorithm for multiple targets based on keystone transformation. [J]. Xiandai Leida (Modern Radar), 2005, 27 (3): 40 – 42.

[195] FAN L, PI Y, HUANG S. Multi-target imaging processing algorithms of ISAR based on time-frequency analysis[C]. //International Conference on Radar, IEEE, 2006: 1 – 4.

[196] BAI X, ZHOU F, XING M, et al. A Novel Method for Imaging of Group Targets Moving in a Formation[J]. Geoscience & Remote Sensing IEEE Transactions on, 2012, 50(1): 221 – 231.

[197] LU Z Z, BARANIECKI A Z, CHEN V C. Time-frequency separation of multiple moving radar targets. Proc. SPIE, 2004, 3078: 182 – 190.

[198] CHEN V C. Radar detection of multiple moving targets in clutter using time-frequency Radon transform. Proc. SPIE, 2002, 4728: 48 – 59.

[199] PARK S, KIM H, KIM D. Segmentation of ISAR images of targets moving in formation[J]. Geoscience and Remote Sensing, IEEE Transactions on, 2010, 48

(4): 2099 - 2108.

[200] SHI J, MALIK J. Normalized cuts and image segmentation[J]. Pattern Analysis and Machine Intelligence, IEEE Transactions on, 2000, 22(8): 888 - 905.

[201] FU X, GAO M. ISAR imaging for multiple targets based on Randomized Hough transform[C]. //Congress on Image and Signal Processing. IEEE, 2008: 238 - 241.

[202] LI Y, FU Y, LI X, et al. An ISAR imaging method for multiple moving targets based on fractional Fourier transformation[C]. //IEEE Radar Conference. IEEE, 2009:1 - 6.

[203] ZHANG Y A, et al. ISAR imaging of multiple moving targets based on RSPWVD-Hough transform[C]. //Asia-pacific Microwave Conference. IEEE, 2008:1 - 4.

[204] LIU H W, WANG T, BAO Z. Doppler ambiguity resolving in compressed azimuth time and range frequency domain[J]. Geoscience and Remote Sensing, IEEE Transactions on, 2008, 46(11): 3444 - 3458.

[205] LONG W H, HARRIGER K A. Medium PRF for the AN/APG-66 radar[J]. Proceedings of the IEEE, 1985, 73(2): 301 - 311.

[206] ZHU D, LI Y, ZHU Z. A keystone transform without interpolation for SAR ground moving-target imaging[J]. Geoscience and Remote Sensing Letters, IEEE, 2007, 4(1): 18 - 22.

[207] XING M, BAO Z. High resolutio isar imaging of high speed moving targets[J]. IET Radar Sonar & Navigation, 2005, 152(2): 58 - 67.